环保管家
发展现状与思考

张洪玲　沈家明◎著

河海大学出版社
HOHAI UNIVERSITY PRESS
·南京·

图书在版编目(CIP)数据

环保管家发展现状与思考 / 张洪玲，沈家明著. --南京：河海大学出版社，2023.12

ISBN 978-7-5630-8528-6

Ⅰ. ①环… Ⅱ. ①张… ②沈… Ⅲ. ①环境保护—环境管理—研究 Ⅳ. ①X3

中国国家版本馆 CIP 数据核字(2023)第 219813 号

书　　名　环保管家发展现状与思考
书　　号　ISBN 978-7-5630-8528-6
责任编辑　卢蓓蓓
特约校对　李　阳
封面设计　徐娟娟
出版发行　河海大学出版社
地　　址　南京市西康路 1 号(邮编：210098)
电　　话　(025)83737852(总编室)
　　　　　(025)83722833(营销部)
　　　　　(025)83786934(编辑室)
经　　销　江苏省新华发行集团有限公司
排　　版　南京布克文化发展有限公司
印　　刷　苏州市古得堡数码印刷有限公司
开　　本　787 毫米×1092 毫米　1/16
印　　张　8.75
字　　数　139 千字
版　　次　2023 年 12 月第 1 版
印　　次　2023 年 12 月第 1 次印刷
定　　价　68.00 元

前言

工业是一个国家发展强大的核心因素。从改革开放以来，我国就重点关注工业领域，国内工业生产保持高速增长。社会经济建设蓬勃发展、工业化进程持续推进的同时，我国资源短缺、环境污染、生态恶化等问题越发突出。人民和政府环保意识逐步提高，如何有效解决环境问题，如何在工业化的道路上推行绿色发展已经上升为关系到人民福祉、社会经济可持续发展的战略问题。

基于上述大背景，我国的环境服务业也快速地形成并发展起来，国家和政府有关部门重视行业的发展和壮大，滋养了适合良性发展的行业土壤。环保管家应运而生，成为提高环境服务效率和质量的优选，为工业发展方式的绿色转变提供重要保障。

本书阐述了环保管家理念的背景由来、发展历程，针对管家服务的发展现状，探讨了管家服务现阶段存在的主要问题和发展受到的制约，对新阶段的环保管家发展提出了建议和展望。书中参考现有环保管家服务标准框架、第三方能力认证考核条目，对国内环保管家服务的模式、服务内容进行细化梳理，分析了管家服务对企业、政府环境管理，环境咨询行业发展的积极意义。本书以典型环保管家实施案例以及编制人员的实际工作经验为抓手，对现阶段环保管家服务内容进行具体分析介绍，加深读者对环保管家工作的理解认识。同时，本书对照案例分析管家工作的局限，延伸探讨现阶段管家服务存在的问题以及未来发展的潜在制约因素，并提出针对性的改进举措建议，对管家服务工作提出积极的展望，为环保管家真正能以环保需求、问题解决为导向，以定制化核心驱动环保服务，落实绿色发展，加快生态文明建设提供参考依据。

本书主要内容包括环保管家由来、发展历程、服务模式、服务内容、现阶段发展成果、典型案例分析、现阶段问题、潜在风险及制约因素、发展举措建议、未来展望等。全书针对管家服务发展现状，以服务标准、认证条目为参考，结合典型案例分析，理论结合实践，内容翔实，层次清晰，具有较强的普适性和实用价值，可拓宽第三方环保服务公司业务思路，为环保管家服务工作提供较好的参考和示范。本书可供环境服务从业人员和爱好者参考使用，也可供大专院校相关专业师生参考阅读。

目录

1 背景由来 …… 001

1.1 环保管家的由来 …… 003

1.2 环保管家发展历程 …… 007

2 环保管家的内涵 …… 015

2.1 环保管家的定义 …… 017

2.2 环保管家服务类型及模式 …… 020

2.3 环保管家的服务对象 …… 028

2.4 环保管家合同模板 …… 036

2.5 环保管家服务流程 …… 047

2.6 环保管家的服务内容 …… 048

3 环保管家发展成果 …… 069

3.1 服务类标准和能力认证 …… 071

3.2 环保管家典型案例分析 …… 079

4 环保管家服务发展制约因素和潜在风险 …… 099

4.1 现状困境、制约因素 …… 101

4.2 发展潜在风险 …… 107

5 环保管家发展建议与未来展望 …… 113

5.1 发展建议 …… 115

5.2 未来展望 …… 123

6 结语 …… 125

7 参考文献 …… 129

1

背景由来

1.1 环保管家的由来

工业是一个国家发展强大的核心因素。自新中国成立以来，我国就重点关注工业领域，国内工业生产保持高速增长。四十多年的改革开放，使我国工业不论是在经济总量还是在经济结构上都得以跃升。国内基本构建了规模大、体系全、竞争力较强的工业制造产业体系，2022 年我国制造业增加值占全球比重接近 30%，持续稳固世界第一制造大国地位。

随着社会经济的高速发展，人民生活水平不断提高，城市面貌日新月异，但同时我国资源短缺、环境污染的问题也日益严峻。20 世纪 90 年代，我国进入第一轮重化工业时代，城镇化进程加快，城市生活型污染加剧。伴随经济粗放式快速推进，工业污染和生态破坏总体呈加剧趋势，农业面源污染问题凸显，一些地区流域环境污染、区域环境污染和生态破坏已经制约了经济社会可持续发展，甚至对公众健康构成威胁。“先发展，后治理”的路子已然不适合现今的发展要求。面对日益突出的环境问题，寻求一条人与自然和谐相处、绿色发展的工业化道路已迫在眉睫。环境治理及环保产业也逐渐进入公众视野。

1990 年 11 月，国务院办公厅转发国务院环境保护委员会《关于积极发展环境保护产业的若干意见》（以下简称《意见》），这是我国首次从国家层面发布推动环保产业发展的纲领性政策文件，为我国环保产业的发展提供了方向指引，是环保发展史上里程碑式的事件。《意见》中首次对环保产业进行了界定：“环境保护产业是国民经济结构中以防治环境污染、改善生态环境、保护自然资源为目的所进行的技术开发、产品生产、商业流通、资源利用、信息服务、工程承包等活动的总称，主要包括环保机械设备制造、自然保护开发经营、环境工程建设、环境保护服务等方面。”《意见》确定了发展环保产业的指导方针，提出“发展环境保护产业，必须依靠科学技术进步”、整顿环保产业的生产流通秩序、坚持对外开放、培养专业人才等十个方面的意见。

1993 年 10 月，第二次全国工业污染防治工作会议提出，我国在工业污染防治的指导思想上要实行三个转变。第一，在污染防治基本战略上，要从侧重于污染的末端治理逐步转变为工业生产全过程控制，把工业污染防治的立足点放到全过程控制上来，通过节能，降耗，减少污染，取得事半功倍的效果。第二，在污染物排放控制上，要由重浓度控制转变为浓度与总量双轨控制。通过实施排污许可证制度，实行浓度与总量的双轨控制，使污染物总量逐步削减，从而使区域和流域的环境质量得到改善。第三，在工业污染治理上，要由重分散的点源治理转变为集中控制与分散治理相结合。实行集中控制与分散治理相结合，有利于采用新的技术设备，实行社会化组织。至此，工业污染防治自分散向集中治理转变，工业污染第三方治理契机逐步凸显。

新时代环境产业的社会需求以及国家对污染防治思路的转变，为国内环保产业的发展孕育了生长的土壤，创造了机遇。据资料显示，1993—2000 年的 7 年间，全国环保产业的从业单位数量由 8 651 家增长到 18 144 家，从业人员由 188.2 万人增长到 317.6 万人，营业收入总额由 311.5 亿元增长到 1 689.9 亿元，年均增长约 27%，利润总额由 40.9 亿元增长到 166.7 亿元，年均增长约 22%。一批拥有先进实用技术，具有产品研发、设计、加工制造和工程建设能力的优秀环保企业涌现出来，迅速发展壮大。

2011 年，全国环保相关产业从业单位已达 23 820 家，从业人员 319.5 万人，营业收入总额达 30 752.5 亿元，利润总额 2 777.2 亿元。同时，行业内部自发的“内驱力”促使形成良性竞争，通过自主研发与引进消化，环保技术水平稳步提升，一批具有自主知识产权的实用新技术在污染治理工程中得到推广应用。环保产业的辐射范围，从大型燃煤锅炉烟气脱硫、水处理设备集成化、药剂生产、膜技术应用、城市垃圾处理与资源化技术、生活垃圾/危险废物焚烧设备技术，到智能化环境监测技术，综合化、系统化的定制环境服务，面面俱到。

环保产业主要可以分为三大分支。① 环保技术与装备（环保装备制造业）：包括大气污染防治装备、水污染防治装备、固体废物处理处置装备、土壤污染修复装备、资源综合利用装备、环境污染应急处置装备、环境监测专用仪器设备等；② 环保产品：包括环境污染防治专用材料与药材、重点研发和产业化示范膜材料、高性能防渗材料、脱硝催化剂、固废处理固化剂及稳定剂等；③ 环保服务产业：包括环境工程设计、施工、维护与运营，环境评价、规划、决策、管理等咨询。随着环保产业的深入发展，环保服务已经成为环保产业发展新的经济增长点，环境服务的综合化将是环境服务发展的必然趋势。而本书的主题“环保管家”就属于这一范畴。

“环保管家”的概念首先出现在2016年原环境保护部发布的《关于积极发挥环境保护作用促进供给侧结构性改革的指导意见》（环大气〔2016〕45号，以下简称《指导意见》）一文中，即“推进环境咨询服务业发展，鼓励有条件的工业园区聘请第三方专业环保服务公司作为‘环保管家’，向园区提供监测、监理、环保设施建设运营、污染治理等一体化环保服务和解决方案”。该《指导意见》的提出体现了21世纪以来我国环境保护与需求的现状，标志着环境保护行业全新的发展方向和前景。

“环保管家”属于传统环境/环保服务业的升级和衍生，其字面的意思可以是具体的一个人、一个组织或企业。由于环保服务行业的开放性，目前并没有被广泛接受的官方的统一定义。根据百科释义，“环保管家”性质上属于一种“合同环境服务”，主要指环保服务企业为政府、为企业、为园区提供合同式综合环保服务，并视最终取得的污染治理成效或收益来收费，是一种治理环境污染的新商业模式。从服务对象上看，“环保管家”的含义已不再局限于原环保部《指导意见》中定义的“向园区提供监测、监理、环保设施建设运营、污染治理等一体化环保服务和解决方案”的“第三方专业环保服务公司”。

“环保管家”从工作内容上看，可以分为“软性”的政策解读、环保问题咨询、环境隐患/风险排查等环境咨询服务，可以通俗地理解为被服务方的环保“智囊团”。“硬性”的环保管家服务内容甚至可以引申到工程设计、环保设备运营、环保设施选型和采购等环境治理服务。通常来讲，两者并无明显界限，环保管家属于定向的环保综合性服务。

“环保管家”的概念是在原环保部《指导意见》中被首次提及，且国外也尚无对应的工作制度和形式。但考虑到“管家服务”其实隶属于第三方环境/环保服务方，倘若引申到这一概念上，在国务院办公厅于2015年1月发布的《关于推进环境污染第三方治理的意见》（国办发〔2014〕69号）一文中已提出了重要的指导意见。文中指出，环境污染第三方治理是排污者通过缴纳或按合同约定支付费用，委托环境服务公司进行污染治理的新模式。第三方治理是推进环保设施建设和运营专业化、产业化的重要途径，是促进环境服务业发展的有效措施。在这一服务形式和工作内核的维度上，能找到不少国外典型的案例，可供国内环保管家发展模型借鉴和参考。

20世纪80年代，美国发生了著名的地下储油罐泄漏事件。事件的起因是加油站下方于20世纪五六十年代设置的储油罐经过数十年的腐蚀而发生泄露。大量贮存的石油和其他危险物质对当地地下水和土壤环境构成严重的威胁。该地下储罐泄漏事件影响范围超过39个州，成为各州地下水污染的主要污染源。由于污染事件涉及范围大，联邦政府人力物力有限，管理难度较大。因此，最后经美国环保局批准，由各州自行负责地下储罐管制计划实施的方式。地方政府采用约定环境服务的方式与第三方环境服务企业签订合同，并通过绩效成果考核的方式进行最终付费。实践结果表明，“为绩效服务合同付费”的方式，不仅减少了污染治理所需时间，而且还在保质保量的基础上降低了政府管理部门的费用支出。

在丹麦，排污单位必须按照相关法律政策要求持有“环境许可证”，持有方承担污染治理的主体责任。排污企业可委托第三方治理单位协助，确保污染物达标排放。政府相关部门则负责对排污单位的生产、污染治理以及最后的合规排污过程进行监督。在澳大利亚，为应对新南威尔士州大片地区土地盐化导致土壤、植被退化的生态环境问题，当地政府制定了“河水出境盐度总量控制”计划，实施“排盐许可证”交易制度。“排盐许可证”制度规定了排盐单位的排放总量，但允许排盐者购买“减盐”信用。而“减盐”信用又可通过土地所有者自行或委托的第三方采取植树等治理措施降低排盐量而获得的。如此一来，有效治理土地和河水盐化的所有者，就可以获得额外的减盐信用并用于市场出售，从而获得回报，而管控不当的排盐者则面临“缺乏排盐量＋应对治理”的双重困境。同时，为有效监管减盐交易，当地成立了环境服务投资基金会，一方面负责从减排所有者处购买减盐信用，一方面向买主出售减盐信用。“排盐许可证”交易制度下，排盐者、第三方、交易基金会等形成了市场、环境保护的良性循环，倒逼排盐者落实管控的责任义务。上述两则例子，跟我国目前实施的“排污许可证”制度倒是有些许相似之处。政府主管部门通过政策设定对排污/排盐量进行管控，又为第三方环境服务的市场行为提供了制度保障，最终实现环境保护治理的共同目标。

抛开对服务方式的命名和定义，“环保管家”及类似形式的第三方服务，相较于传统的“谁污染，谁治理”的模式，具有更强的专业性，“专业的人做专业的事”有助于提高环境治理和管理的工作效率。而充分接纳市场的竞争性行为，同时也有利于市场的良性竞争和技术进步。

对于排污企业，管家服务可降低其治污成本，提高治污效率；对于环保部门或者工业园区管委会，合同形式的环境服务方式，也能充实管理部门的技术能力，使得主管部门的监管对象实现集中化，降低执法成本，提高执法效率，利于环保部门的监管；对于环保服务业，管家服务的工作模式拓展了新的服务领域，在企业污染治理领域打开新的市场，为自身成长提供新动力，有利于环保产业整体的快速发展。

基于我国生态环境现状和目前发展需求，环保管家概念的提出对环保服务业起到了升华的作用，成为提高环境服务效率和质量的优质选择，在可预见的未来，势必将为工业发展方式绿色转变提供支持。

1.2 环保管家发展历程

尽管“环保管家”的正式概念在2016年才由原环境保护部提出，但其广义上的“第三方环境治理服务”概念即“环保管家”概念的雏形，最早甚至可以追溯到2002年。如果要探寻“环保管家”的前世今生，必然绕不开我国环境保护政策及环保产业的发展历程。

对于环保产业通常存在狭义和广义两种理解。狭义的“环保产业”主要指的是终端控制，即在环境污染控制与减排、污染治理以及废物处理等方面提供服务。广义的理解则包括生产中的清洁技术、节能技术，以及产品的回收、再利用及安全处置等，是从原辅料到产品从始至终的全过程绿色守护。环保产业的目的包括防治环境污染、改善生态环境和保护自然资源，其形式包括技术开发、产品生产、资源利用、信息服务、工程承包等。

环保产业是我国国民经济结构的重要组成部分。根据生态环境部科技与财务司、中国环境保护产业协会联合发布的《中国环保产业发展状况报告（2022）》，当前我国环保产业发展总体规模保持增长（图 1.2.1），创新能力及技术水平不断提高，在为国民经济发展作贡献的同时，为污染防治攻坚战提供了重要支撑。

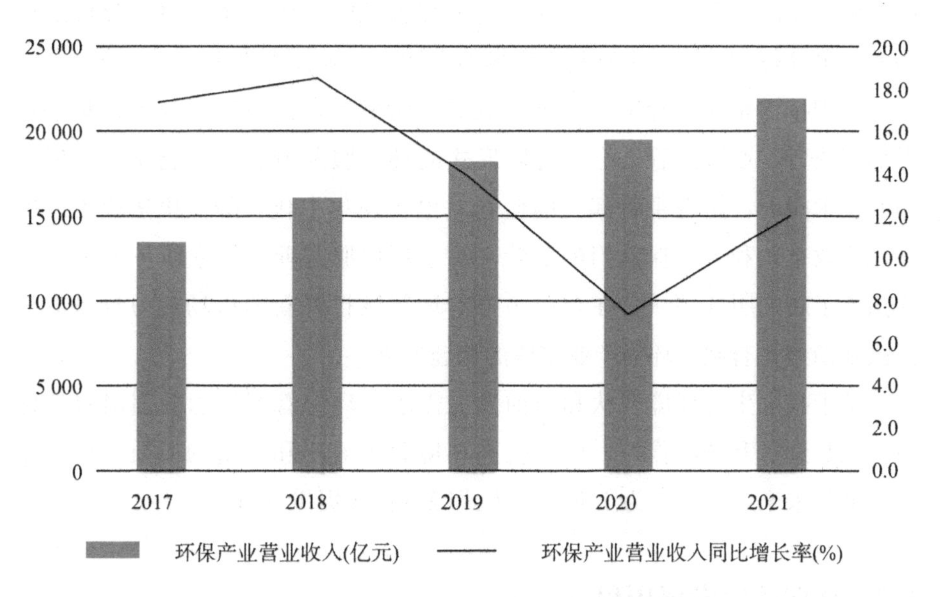

图 1.2.1　2017—2021 年环保产业营业收入状况

来源：《中国环保产业发展状况报告（2022）》

1.2.1　环保产业诞生到发展积累（至 21 世纪初期）

环保产业的诞生与发展离不开政策的扶持和指引。本节对我国环保产业发展历史上早期重要节点事件进行简单罗列与梳理，以便更好地介绍环保管家发展的历史背景。

1973 年 8 月，国务院召开第一次全国环境保护会议，提出了环境保护工作32字方针，颁布了我国第一个环境保护文件——《关于保护和改善环境的若干规定（试行草案）》。由此，我国环境保护事业开始起步。1973年11月，国内首个环境标准——《工业“三废”排放试行标准》获批颁布，“三废”治理和综合利用至此有了参考依据。

以1979年9月通过的我国第一部环境保护基本法《中华人民共和国环境保护法（试行）》为开端，《水污染防治法》《大气污染防治法》《海洋环境保护法》等专门性法律和标准陆续颁布，环境保护的法律框架初步形成。

在政策法规指引下，各地在工业污染治理和“三废”综合利用工作的实践中，逐步探索出集研发、设计、环保设备装备制造于一体的企业关系。与此同时，大量民营中小企业投身到环保设备制造的市场中。素有“中国环保之乡”称号的江苏宜兴高塍镇就是在这个时代背景下叩启了环保产业的大门。从开发纯水离子交换柱开始，高塍镇立足于水处理设备，乘着房地产业发展和配套城市污水处理设备需求激增的东风，逐渐发展成国内环保设备生产制造业的领头羊。不过彼时，尽管已有初步的政策引导，但环保工作仍处于无计划引导、无政策扶持的环境中，为适应市场经济的需要，环保产业处于自发、无序的萌芽发展状态。

20世纪90年代初，我国进入第一轮重化工业时代，城镇化进程加快，社会经济快速发展，伴随而来的环境污染问题作为潜在的社会发展的制约因素，越来越受到公众重视。1990年，国务院发布《关于积极发展环境保护产业的若干意见》（以下简称《意见》），这是中国环保产业历史上的里程碑事件。《意见》首次从国家层面推动环保产业发展，为我国环保产业的发展提供了方向指引。1992年，全国第一次环保产业工作会议召开。同年11月，国务院环境保护委员会发布《关于促进环境保护产业发展的若干措施》。次年，中国环境保护产业协会正式成立。

党的十四大确立建立社会主义市场经济体制目标后，基础设施建设市场化改革有了理论依据，一批民间投资被引入BOT（建设-运营-移交）形式的环境基础设施建设项目中。环保产业即将迎来属于它的机遇时刻。

1.2.2 市政公用设施市场化推动环保产业第三方发展（2002—2007年）

2002年，党的十六大提出，在更大程度上发挥市场在资源配置中的基础性作用。同年12月，原建设部印发《关于加快市政公用行业市场化进程的意见》（建城〔2002〕272号），从国家政策层面初步构思了环保行业中市政公用部分的市场化情况。

为了提高污染治理设施运营管理水平，规范污染治理设施运营市场秩序，1999年原国家环境保护总局颁布了《环境保护设施运营资质认可管理办法（试行）》。2004年，经修改后，原国家环境保护总局正式出台《环境污染治理设施运营资质许可管理办法》（国家环境保护总局令第23号，以下简称《办法》）。《办法》规定，从事环境污染治理设施运营的单位，应申请获得环境污染治理设施运营资质证书，并按照资质证书的规定从事环境污染治理设施运营活动。该《办法》后于2012年进行修订，于2014年被国务院取消。1999—2014年，在推行污染治理设施运营资质许可制度的15年间，全国污染治理设施运营专业化、市场化、社会化取得了积极进展，环保设施稳定运行率、排放达标率有了较大幅度的提高，同时国家加强了对环保设施的监管，对于污染减排和引导、规范运营服务发展起到了重要作用，推动了以第三方治理为代表的环保服务业的发展。

2002—2005年，原建设部先后印发《关于加快市政公用行业市场化进程的意见》《市政公用事业特许经营管理办法》《关于加强市政公用事业监管的意见》。三大规范性文件的出台，拉开了市政公用行业市场化改革的大幕。巨大的市场潜力、稳定的投资回报，激发了社会资本投资市政公用事业的积极性，BOT（建设-运营-移交）、TOT（转让-运营-移交）、BOO（建设-拥有-运营）等模式的实践日益广泛。

2005年12月，国务院发布《关于落实科学发展观加强环境保护的决定》（国发〔2005〕39号），指出我国环境形势仍然严峻、环保法规制度与任务要求不适应、污染治理进程缓慢、市场化程度偏低的现状，提出加快发展环保服务业、推进环境咨询市场化。

市政公用市场化改革是环保产业历史发展的重要篇章。改革带来的深刻影响不仅加快了环保产业市场化进程，带动了市政公用治污技术装备的进步，推动了以污染治理设施运营为核心的环境服务业的发展，也使得环保产业由原先的设备加工制造为主延伸升级到下游的污染治理设施运营服务。同时，开放的市场局面、广泛的社会资金乃至国外资本的参与，提高了污染治理效率，助力一批具有综合竞争力的民营环保企业快速成长，统一开放、竞争有序的环保行业市场体系和运行机制初步建立。

1.2.3 国家战略性新兴产业促进环保产业深化发展（2007—2013年）

2010年10月，国务院印发《国务院关于加快培育和发展战略性新兴产业的决定》（国发〔2010〕32号），将节能环保产业确认为国家的战略性新兴产业，要求推进市场化节能环保服务体系建设。从国家层面以加强环保产业需求侧管理为中心、着力培育环境服务为重点，鼓励发展提供系统解决方案的综合环境服务业。“大力发展环保产业”首次被写入国民经济发展规划中，环保产业地位被提升到前所未有的高度。

2011年，原环境保护部发布《关于环保系统进一步推动环保产业发展的指导意见》，提出了“十二五”期间推动环保产业发展的指导思想和重点方向。该时期国家确立战略性新兴产业，《“十二五”国家战略性新兴产业发展规划》《“十二五”节能环保产业发展规划》《节能减排“十二五”规划》《关于加快发展节能环保产业的意见》等相关规划把环保产业在国民经济中的地位提升到新高度。2013年，国务院发布《关于加快发展节能环保产业的意见》（国发〔2013〕30号），提出要以企业为主体，以市场为导向，以工程为依托，强化政府引导，完善政策机制，培育规范市场，着力加强技术创新，促进节能环保产业快速发展，目标将节能环保产业发展“成为国民经济新的支柱产业”。国家在生态环境治理领域的投资力度不断加大，整个“十二五”时期，生态环境治理相关的全社会投资达4.17万亿元，较“十一五”时期增长92.8%。

2012年5月，原环境保护部发布《关于加强化工园区环境保护工作的意见》（环发〔2012〕54号），鼓励园区建立第三方运营管理机制。2012年底，国务院印发我国第一部服务业发展规划——《服务业发展“十二五”规划》，指导我国服务业发展总体部署，节能环保服务业为生产性服务业中的重要分支。该规划要求推进环境咨询、环境污染责任保险、环境投融资、环境培训、清洁生产审核咨询评估、环保产品认证评估等环保服务业发展，加快培育环境顾问、监理、监测与检测、风险与损害评价、环境审计、排放权交易等新兴环保服务业。

在政策、市场、投资的强力驱动下，环保产业尤其是环保服务业步入快速发展的轨道。

1.2.4 环保产业持续健康发展（2013年至今）

2013年11月，十八届三中全会通过《中共中央关于全面深化改革若干重大问题的决定》，释放出推行第三方治理的积极信号；2014年，持续15年的污染治理设施运营资质许可制度被国务院取消。该举措践行了简政放权的改革理念，降低了市场准入门槛，为环保产业营造了有利市场和政策环境。与此同时，政府工作重心开始向管理与服务倾斜。

2014年底，国务院办公厅发布《关于推行环境污染第三方治理的意见》（国办发〔2014〕69号）。这并不是环保产业“第三方治理”概念的首次出现。彼时，各地区、有关部门在第三方治理方面已经开展了积极探索，且已取得初步成效。但该意见的发布为环保第三方治理市场提供了更健全的体制机制，完善了法律政策框架，属于环保领域新模式的探索。

2016年是中国环境保护全面发展的关键一年，这一年相继出台了一系列环保相关政策规划。《关于积极发挥环境保护作用促进供给侧结构性改革的指导意见》（环大气〔2016〕45号），直接推动了“环保管家”这一新型环境服务行业的形成，开启了环境服务定制化的新阶段。

“十三五”规划纲要明确提出了要发展绿色环保产业、培育服务主体、完善政策机制、促进节能环保产业发展壮大。2016年12月，国务院印发《“十三五”国家战略性新兴产业发展规划》，提出要推进新能源、节能环保产业快速壮大，构建可持续发展新模式。

2017 年 8 月，原环境保护部印发《关于推进环境污染第三方治理的实施意见》，提出要培育企业污染治理新模式，积极推行环境绩效合同服务模式。以工业园区等工业集聚区为突破口，鼓励第三方治理单位提供包括环境污染问题诊断、污染治理方案编制、污染物排放监测、环境污染治理设施建设、运营及维护等活动在内的环境综合服务。《“十三五”生态环境保护规划》也鼓励引入第三方治理单位开展专业化污染治理，以多种形式实践第三方治理模式。

自此，各地区纷纷响应政策，在一些工业园区及重点行业积极推进第三方治理，环保管家服务市场活力进一步激发。上海、浙江、江苏、山东、安徽、广州等省市为推广“环保管家”环境管理模式，相继出台了地方环保管家服务规范。各类环保服务企业纷纷转型开展第三方业务，在引进社会资本积极参与，不断提升污染治理效率的同时，提升了环保企业的服务质量和专业化水平，以“环保管家”为代表的环境综合服务新阶段到来。

2022 年 10 月，党的二十大报告将“人与自然和谐共生的现代化”上升为“中国式现代化”的内涵之一，再次明确了新时代中国生态文明建设的战略任务，总基调是推动绿色发展，促进人与自然和谐共生。报告提出要加快发展方式绿色转型，深入推进环境污染防治，健全现代环境治理体系，并积极稳妥推进碳达峰碳中和。“双碳”目标下，环保管家服务需要对环境保护相关领域进行资源调配、整合和优化，其服务内容和内涵将随着实践和探索的不断深入逐渐丰富，并在生态文明建设中承担更多的历史使命和社会责任。

2

环保管家的内涵

2.1 环保管家的定义

2016年国家层面首次提出“环保管家”概念，其初衷是鼓励园区委托第三方专业环保服务公司提供监测、监理、环保设施建设运营、污染治理等一体化环保服务和解决方案。当时国内环保产业已取得全面发展，但环保第三方服务往往以具体而单一的服务形式及内容为主。

党的十八大以来，生态文明建设在中国特色社会主义事业“五位一体”总体布局和战略部署的位置愈发重要。十九大报告指出，建设生态文明是中华民族永续发展的千年大计。党的二十大报告更是将“人与自然和谐共生的现代化”上升为“中国式现代化”的内涵之一，再次明确了新时代中国生态文明建设的战略任务，总基调是推动绿色发展、促进人与自然和谐共生。

生态文明建设战略部署的形势下，单一的环境咨询、环保产品和环境治理技术早已不能完全满足现实需求，传统的末端治理和“头痛医头、脚痛医脚”甚至“头痛医脚”的治理方式，不但导致治理成本增加、治理效果不佳，而且有时的结果只是污染形态发生变化。不仅如此，旧有业务模式的环保服务业已不能满足社会日益升级的深层次、多样化的环境保护需求。环境服务业类型单一、盈利模式简单、政策依赖度较大、抗风险能力不强、同质化竞争严重等劣势逐步显现，转型意识和转型意愿明显增强。

相对传统环境第三方服务业，“环保管家”的优势主要体现在服务内容的综合性、服务质量的专业性。园区引入“环保管家”，将由以往具体而单一的服务形式向兼具“测、管、治、托”能力的综合服务形式转变，形成“政府主导、管家辅助”的局面，共同推动园区绿色化、循环化、低碳化发展，对推进我国环境治理体系和治理能力现代化具有积极意义。

“环保管家”为环保主管部门、工业园区及企业提供一站式环保服务，统筹解决环境问题，提高环境治理水平，保证环保效益，有效降低环保成本。“环保管家”是系统解决环境问题的再出发，同时开启了环境综合服务的新时代。具体来看，“环保管家”涵盖了环境咨询、环境监理、环境监测、污染治理、环保设施建设、运营和维护、环境监管、风险管控等一系列内容。“环保管家”的理念是“让专业人干专业事”。

随着各省市“环保管家”相关政策的完善，“环保管家”的服务内容和内涵在实践中被不断具象和完善，已不限于为园区服务。现今“环保管家”的定义已变得“只可意会不可言传”，各类服务团体和从业者对其概念众说纷纭。

“环保管家”可以是“一项综合性的环保技术服务工作，是从环境政策解读、环保问题咨询到环境风险管控等的一站式服务”，可以是“环保服务企业为政府或企业提供合同式综合环保服务”，并视最终取得的污染治理成效或收益来收费，也有同行认为其是“以专业技术为基础，以管理为导向，加入企业生态链并与之共存的环保管理模块，是取代传统企业管理模式的新型专业管理形式”。

除“环保管家”以外，所谓“环保先生”“环保顾问”“环保保姆”，抑或是“环保智囊”“环保智库”等，这些说法都是从不同角度对环境服务的表述，而“环保管家”这一名称因其来源于官方文件而被广泛采用。上述称谓本质上都是环境保护供给侧改革领域的具体实践，是环境领域综合性的专业服务。

在环保督察高压、标准加严、执法趋紧、问责加大的态势下，企业环境服务和社会环境需求预期日渐加大，“环保管家”在环境服务业中要用专业技能水平协调政府需求、市场需求、企业需求、公众需求和环境治理的平衡，完善服务内容、服务方式、服务质量、服务模式、定价机制等方面的创新，协助构建政府为主导、企业为主体、社会组织和公众共同参与的环境治理体系。

现今，在碳达峰、碳中和这场广泛而深刻的经济社会系统性变革中，为实现减污降碳协同增效的治理目标，“环保管家”也需要升级服务模式，将节能低碳技术和环保治污技术有效融合，综合考量污染治理和碳减排，提供全方位的减污降碳综合服务，深入打好污染防治攻坚战。

“环保管家”具备显著的全方位、一站式、综合化、定制化的特点。“环保管家”综合性的特点使其环保服务内容呈现出多元化和包容性，而随着国家和社会对环保需求的动态变化，“环保管家”在实际应用中展现出明显的自适应的生命力和变革性。

参考生态环境部环境工程评估中心对“环保管家”的定义，笔者认为合格的“环保管家”是“以服务对象环境保护、环境管理需求和环境问题的有效解决为导向，以环境保护相关领域资源调配、整合和优化为基础，以践行绿色发展理念、改善环境质量为核心，通过其专业性储备和技术供给能力而具备自适应的生命力和变革性，以定制化服务满足需求侧，以平台化协同为动力，系统化、科学化的全方位环境综合服务”。

环保管家服务的内容众多，需求多样，可根据服务对象的实际环境服务需要，开展污染诊断、环境咨询、排污许可、清洁生产、污染防治、生态保护、工程设计、工程治理等服务。政府、园区、乡镇、企业等所需要的环保服务，一方面是传统的环保服务，如环境影响评价、环境监测、第三方治理等；另一方面是对长远发展的考虑，需要环境管理意识和能力建设、环保设施服务的维护和新科技的支持。通过管家式服务，可全面提升企业的环保管理水平，节约资源能源，减少污染物的排放，树立起良好环境形象。因此“环保管家”服务并不是单纯的“消费”，而是“共赢”的服务。

环境问题不是一朝一夕产生的，而是与发展方式和生活方式密切相关的，环境问题的解决要循序渐进，不可一蹴而就。环境质量的改善和污染治理也要分步实施。“环保管家”也是一种协同服务，面对新的环境需求和亟需解决的环境问题，不是哪一家环保服务企业可以包揽的，而是需要在充分整合各方力量的基础上，不断地沟通磨合，提供持续深入的服务。

环保管家的服务思路是开放的、创新的、包容的和协同的。环保管家服务是以供给侧改革为导向的主动服务、以需求为导向的定制化服务、以绩效目标为考核指标的合同服务、服务成果可复制的长期服务；是聚焦法规政策标准咨询等层面的出谋型服务、专注设施运维的出力型服务、提供咨询设计治理投融资等的一条龙解决方案的综合服务。环保管家服务的思路需要积极探索、不断创新和总结推广，需要在经验共享中不断激发创新的活力。在可预见的未来里，它将始终在我国环境保护事业中作出有力的贡献。

2.2 环保管家服务类型及模式

2.2.1 环保管家的服务类型

（1）按照服务对象，环保管家分为园区环保管家（委托排放口数据监督、委托排污许可证监督、委托环境污染与环境风险分析）、环境管理及执法下沉服务（委托检测、委托监察、排污许可证审核与核查等）、乡镇环保管家（委托对乡镇企业进行环境管理，污染物排放、环境风险检查）、企业环保管家［受企业委托进行环境管理，污染物排放、污染治理设施运行检查并提出问题和解决方案；受企业委托对企业存在的污水、废气、固体废弃物、挥发性有机物（VOCs）等一项或多项污染情况进行诊断，查找原因，提出解决方案，并予以实施］。

（2）按照服务方式，环保管家分为固定式常住服务、巡回式流动服务、协同式全方位服务、菜单式服务、监控式远程服务、项目定制式服务、一条龙打包服务、重点项目研究性服务、委托代管服务、延伸管理服务等。

（3）按照服务内容，环保管家分为托管服务模式，定制服务模式，隐患排查服务模式，环保诊断服务模式，环保咨询服务模式，环保监督、核查下沉服务模式，环保评估服务模式，高水平技术项目服务模式。

“环保管家”为政府、园区、企业提供包含精细化标准、规范化流程、专业化团队、定制化内容、菜单式产品的绩效合同服务。

“环保管家”要明确五大方面：

第一是实现目标管理，要对合同承担责任。“环保管家”模式的服务归根结底属于环境服务业大类。环保管家作为乙方，承担了园区、企业或其他社会机构的“管家”工作，需要对合同约定的服务项目负责，对甲方负责。

第二是定制化服务，对发现问题、解决问题的能力，科技创新能力和技术人员综合素质提出更高的要求。“环保管家”工作区别于传统末端治理，一方面，需要“管家”从源头上主动地去发现问题并解决问题，如果仍然采用被动式的工作方式，由甲方督促来启动工作，甚至无视甲方潜在的环境管理隐患，那就与“环保管家”一站式综合性的服务理念背道而驰了。而且消极被动的工作方式还会消磨甲方对环保管家服务方的信任。另一方面，所谓定制化服务即“因地制宜”“具体问题具体分析”，如果一味地拿着模板式的工作方法和服务程序，也会让甲方对“环保管家”的专业性产生怀疑。也正是出于这些原因，“环保管家”定制化服务对具体从业者的专业技能和技术水平有了更高的要求。

第三是进行系统化服务，满足全过程、一条龙的系统服务要求。“环保管家”服务的系统化和定制化相辅相成。定制化的过程有助于对整体服务工作方案、操作流程等进行系统化的梳理，反过来，全过程的系统化服务又在各个环节体现了定制化。

第四是适应多环境要素服务要求。从服务内容上说，“环保管家”覆盖了排查诊断、教育培训、环境咨询、环境监测、危废管理、污染治理等多样化、全方位服务模式。事实上，现今的“环保管家”从业者相当一部分是从原来的环境咨询服务、环境工程设计等方向转型而来的。为应对新的环境需求、环保管理日趋严格的态势，这部分从业者逐渐从原来的专项专家转型为“什么都懂一点”的全能型环保服务工作者。这是行业发展的必然趋势，综合性服务配备综合性人才。这种趋势也证明“环保管家”服务是协同的。充分整合各方管家服务的技术力量，加强合作交流，不断地沟通磨合，有助于持续深入服务。

第五是开放化，必须走出去主动开发市场，推销自己，挖掘客户需求，实现服务转化。服务终究是一种商业模式，“环保管家”通过合同的形式为甲方提供环境管理或治理服务，并根据合同约定的内容，通过绩效成果考核的方式获得收益。而今环保产业高度市场化，如果环保服务公司仍秉持“酒香不怕巷子深”的理念，是难以在充斥着各类动态竞争的市场上站稳脚跟的。对企业来说，“酿香酒、熬佳作”重要，但“走街串巷觅知音”也重要，供给侧与需求侧最好都发力，莫偏废。

2.2.2 环保管家的服务模式

1. 托管式服务模式

环境保护的社会需求增加，意味着会执行更为严格的环保管理要求。逐步完善健全的环保法律法规，能够规范和约束排污者的行为，减少污染和生态破坏，使得环境主管部门在企业污染排放、废弃物处理、污染防治等环节中的监管有法可依。再加上高额的环保违法行为成本、持续高压的环保检查执法，在上述种种因素下，规范的环境管理、稳定的达标排污俨然成为企业及排污者长久生存的必要前提条件。一方面，企业无法发现问题，另一方面，企业即便想着解决问题，但往往由于缺乏专业指导和技术人力资源，只能“事倍功半”，无从下手，“莽干急干”不能解决问题甚至可能导致事与愿违。

面对上述情况，“环保管家”服务可为企业提供一站式环保托管服务。第三方专业机构利用自身的技术能力，根据企业的情况和条件，可综合分析企业现有或潜在环境隐患，统筹解决企业环境问题。合格的“环保管家”团队往往具备丰富的环境咨询、环境工程相关经验，可以提高决策科学性，保证服务效果，有效降低企业环保管理成本，系统性地降低环境产业链各个环节脱节产生的高昂交易成本。

除了企业，托管式环保管家服务也可适用于园区。园区聘请具有相关环保服务资质与能力的第三方机构提供环保管家服务。服务内容可包括指导落实各项环保法律法规、政策，协助建立和完善相关环保管理制度、责任体系、组织架构；开展对工业园区、工业企业的日常检查；重点排查和解决影响工业园区环境质量、环境安全等方面的问题，提出解决方案；指导并参与工业园区突发环境事件的应急处置；提供各类环保咨询服务、环保培训；协助完成上级下达的其他专项环保工作任务等。

无论是服务企业还是服务工业园区，这种服务模式跟早期的合同制环境服务第三方模式高度相似，属于后者的延伸发展。企业或者工业园区通过付费合同形式委托专业化的第三方服务机构，相当于付费购买环保托管服务，最后通过合同中约定的对应绩效考核条件支付酬劳。这种模式下，环保管家可以作为企业或者园区管理者的技术力量补充，与业主形成互补，共同完善企业或园区的环境管理，科学治污。这种“合作”的工作模式和氛围有助于提高企业或园区自身的污染防治水平和管理人员的综合素质，对提升园区环境主管部门监管水平也有积极作用。

2. 定制式服务模式

定制式服务模式与托管式服务模式的区别在于，后者为“打包式”的一站式服务，在合同中约定服务的种类和范围，但是没有限定特定种类服务的“数量”。而“环保管家”定制式服务模式针对企业或者园区的“专项”环保诉求，其在服务内容和要求上更加具体，考核标准也更加细致明确。就好比，托管式服务是教授多门科目的“老师”，而定制化服务是特定科目的“拔高辅导班”。常见的定制服务内容列举如下：

（1）为园区提供环保规划、环境监测、环境监理、环保设施建设运营、污染治理、环境风险防范等一体化环保服务和解决方案。

（2）为企业提供环评政策、环保专业技术、环保法规咨询；定制企业发展过程中的环保规划。

（3）制定企业经营中的污染排放的合理规划和安排，规避环保风险；协助园区对企业排污许可管理进行监督。

（4）对企业经营管理人员进行环保政策、法规等相关内容的培训。

（5）充分发挥第三方机构专业技术人员环境管理和技术管理优势，针对园区具体的环保管理问题、环境污染治理方式，提供定制化的解决方案。

（6）为政府、园区或工业企业提供从污染调查、环保诊断、政策解读、企业培训、环保手续、技术评审、环境检测、监理，到工程设计、设备采购、工程实施、设施运营的一站式定制化服务。

由于国家、地方环保政策文件和要求的动态性，定制化服务的内容也随着政策动向不断更新。譬如“创建‘绿水青山就是金山银山’实践创新基地”“生态环境导向开发模式（EOD）项目创建”“碳排放核算”等，这些相对前沿的环保热点工作可能也将出现在环保管家的服务内容中。

“定制式”相对于“托管式”服务模式，其合同契约属性更强，能更好地量化和考核工作成果，有利于委托工作的结算，也相对更能保证专项服务的工作质量。但与此同时，环保工作往往又具有很高的关联性，各个专项工作看似不相关，实际上却可能需要共同的工作基础和资料。由于不是一站式全过程服务模式，“定制式”服务在开展工作时，对园区基本信息的初始积累可能会弱于“托管式”服务模式，因此在前期工作的开展中，可能存在不如“托管式”服务管家得心应手的情况。

3. 隐患排查式服务模式

隐患排查式服务模式，某种程度上也可以视作一种“定制式”服务模式，定制内容为环保隐患排查，这也是目前市面上比较常见的环保管家工作模式。这类工作绝大多数对象是工业园区、街道等辖区行政主管部门或者环保主管部门。环保隐患排查工作需要较为丰富的现场工作经验，除去部分环保执法部门工作者，相当一部分基层主管部门对环保标准、政策理解不够深刻，技术人力也有所缺失。例如一些乡镇、街道往往没有设立单独的环保管理部门，通常由政府其他部门兼职管理辖区范围内的工业企业，环保专业知识储备加之本部门人力物力有限，通过自身力量完成环境隐患的排查，并最终完成“闭环式”整改复核，对此类管理部门来说，显然是不切实际的。此时，委托专业的环保服务第三方开展“隐患排查式”的环保管家服务，则是很好的选择。常见的隐患排查工作类型有以下几类：

（1）环评及项目验收符合性的排查。

（2）对“三线一单”及产业政策符合性的排查。

（3）分析企业的在线监测数据、自行监测数据及监督性监测数据，对企业的废水、废气达标能力进行排查，并提出整改意见。

（4）排查企业一般性固体废物和危险废物的产生、贮存及处理环节，排查固体废物管理的问题，提出整改方案。

（5）按照排污许可证技术规范的要求，参照承诺书，对照自行监测计划、环境管理台账、执行报告，对企业排污许可证的执行情况进行排查。

（6）对企业的环境风险源、环境应急预案、环境应急管理体系进行核查，排查环境风险。

（7）按照国家专项环境督察的要求，对各类污染源进行排查。

以工业园区为例，通常来说，“隐患排查式”服务的工作流程包括：

①排查工作组结合调查园区及区内企业基本情况制定排查工作方案。②根据工作方案，开展全面排查，网罗环保材料，根据排查情况形成排查问题清单。③结合企业的特征及问题类型，突出分类管理要求，制订整改清单。如条件允许，可针对性提出整改建议，为企业整改提供一定的方向参考。也可单纯提出整改目标，由企业自行或另行委托第三方进行整改。④企业制订整改方案，列出整改完成计划节点。⑤环保管家及管理部门跟踪企业整改进度，最后由环保管家对企业的整改情况进行复核，形成闭环。

环保管家在完成隐患排查式服务工作后，可以结合排查问题，建立调查范围环保问题台账，找准污染治理的主要范围和风险隐患突出问题，结合问题清单、监测数据、分析报告等材料，建立整改情况动态管理台账，为辖区完善环保问题整改管理工作流程，确保整改治理效果、环保典型问题“不反弹”提供助力。

服务对象为工业企业的“隐患排查式”环保管家服务的工作流程与上文类似，环保管家与企业环保负责人员形成力量互补，利于企业建立环境隐患问题自查自纠长效动态化机制。

4. 环保诊断式服务模式

“环保诊断式”服务模式就如同“环保医院”“环保诊所”，存在环保隐患、有环保整改需求的企业是“患者”，“医生”是专业第三方环保服务机构的环保专家团队。“医生”经过“望闻问切”，为具有环保整治需求的企业提供“药方”——针对具体环保问题的解决对策或整改建议。企业“照单抓药”做好整改工作，管理部门或政府负责监督实施。

随着环保政策的不断完善，“环保成本”在排污单位生产成本中的比重逐渐上升，最终导致工业企业对环保的重视程度主动或被动地提高了。但对排污者来说，更重要的往往不是发现问题，而是解决问题，甚至某些企业或者某些行业对突出环保问题早已达成共识，却因始终缺乏一个切实有效的整改策略而迟迟无法解决。针对企业端的这种困境，“环保诊断式”环保管家服务的一大突出特点就是提出问题并解决问题。“患者”在“医院”，从“挂号”到“问诊”，从“检测化验”到“开具药方”，“环保医院”提供完整的服务流程，为“患者”病情的缓解及最终治愈提供助力。不过，“患者”拥有足够的自由度，“开具药方”并不等于按药方抓药吃药。排污者可结合自身的实际情况，参考开具的“药方”，抓住中肯、合理的重点意见，最终形成最合适的整改方案。

常见的“环保诊断式”服务可以有以下内容：

（1）协助园区对各企业环保治理设施的日常运营进行监督、监管，排查企业污染隐患，发现违法问题。

（2）协助园区对所属企业节能减排问题提出节能减排的工程技术改造方案。

（3）充分发挥第三方机构专业技术人员环境管理和技术管理优势，针对园区具体的环保管理问题、环境污染治理方式，提供定制化的解决方案。

（4）协助园区对下属企业进行监督性监测，发现企业环境污染超标问题。

（5）定期对企业进行全方位环境风险排查，协助园区发现企业的环境风险及环境应急问题。

（6）定期对企业污染治理设施运行进行排查，协助园区发现企业污染治理设施运行方面的问题。

（7）协助园区核查下属企业在环保管理、污染控制、排污许可执行等方面的问题，提出整改措施。

通过第三方服务，为企业提供系统“环保诊断”服务，此举在帮助企业降低环境风险和治理成本的同时，也有助于整个园区减少环境违法行为，提升园区污染治理成效。

5.“一条龙式”环保咨询服务

通过第三方环保专业机构为企业提供一条龙的环境服务，包括产业项目、生产工艺全过程，以及设计针对性治污建议和方案。再根据研发、生产设备及运营治污设备等全环节需求，提供第三方治污的产业链延伸服务，如为排污企业成立专门的公司来承担治污项目，帮助企业建立和健全环境管理机制和制度，降低环境风险和治理成本，提升企业污染防范和管理水平，塑造企业绿色形象。

以大气污染治理为例，“一条龙式”环保咨询服务可以包括：① 环境空气监测体系及应用（环境空气监测体系的建设、环境监管平台、环境空气监测体系辅助手段、环境监管平台辅助自媒体应用等）；② 网格化管理体系和监督；③ 污染溯源调查（调查方法选择、调查方案确定、调查工作实施、调查成果汇总）；④ 污染台账建立与管理；⑤ 环境空气污染综合治理；⑥ 环保培训。

6. 环保监督、核查下沉式服务模式

环保监督、核查下沉式服务模式是政府推进市场化第三方环境服务的重要体现，向社会购买服务，将第三方引入环保监督，并系统完善地形成考核文件落实，对督查对象开展常态化督查、核查，主要有环境监测、环境核查、环境调查、管理执法等服务。

7. 环保评估式服务模式

围绕推进企业发展及提升园区环境管理水平，园区可选择第三方专门机构为其制订"量身定做"的环境管理项目，结合不同企业、产业、区域的情况开展企业排污情况调查，对整体环境管理、污染防治进行评估，制订事前、事中、事后不同阶段的专业化、规范化、智能化环境服务实施方案。环保评估服务发挥第三方对环境风险控制的作用，协助环保职能部门规范入驻企业环境管理行为，防范园区环境污染事件产生，整体提升园区环境形象和污染防范治理效率。

为园区提供的环境风险评估服务包括以下内容：① 筛选编制环境风险评估报告单位，收集完成编制环境风险评估报告资料和数据，做好环境风险评估前期准备工作；② 强化环境风险评估工作；③ 开展突发环境事件隐患排查和控制工作；④ 组织环保应急演练。

评估工作常见类型有：

（1）绿色企业、绿色园区、绿色低碳供应链的评估；

（2）环境影响评价和建设项目验收的评估；

（3）环境技术与工程评估；

（4）危险废物管理评估；

（5）清洁生产方案评估；

（6）环境监测数据监督性监测评估；

（7）环境投资风险评估；

（8）节能降耗方案评估；

（9）环境应急预案、风险评估报告评估等。

本节共列举了 7 种常见的环保管家服务模式。上述列举的环保管家服务模式，有着不同的侧重点，有的服务对象不同，有的在全过程的完整性上有差异，但究其本质，各种服务模式下却有高度的关联性。托管式服务内容可以包含定制式、隐患排查式、评估式等；定制式的服务内容可能正好是“隐患排查”或者“诊断咨询”；“诊断咨询”服务也需要“隐患排查”作为手段来形成整改问题清单；“环保核查下沉式”在工作方式上又与“隐患排查”高度一致……种种关联性也从侧面印证了“环保工作”的整体性和黏性。可以预见，随着环保管家工作内容和内涵的不断丰富，环保管家从业者和服务对象对环保管家工作的理解不断加深，环保管家服务模式将不断推陈出新，在未来以不同面貌呈现给社会。

2.3　环保管家的服务对象

如前文所述，2016 年原环境保护部发布的《关于积极发挥环境保护作用促进供给侧结构性改革的指导意见》（环大气〔2016〕45 号）中对“环保管家”的定义是“向园区提供监测、监理、环保设施建设运营、污染治理等一体化环保服务和解决方案”的“第三方专业环保服务公司”。彼时，“环保管家”的概念尚局限于“为园区服务”，这里的“第三方”是相对于“第一方”和“第二方”而言的。“第一方”是政府，包括各级政府、环保部门，以及工业园区管委会及其环保局，归纳下来可以理解为环保管理部门，即环保上级。“第二方”则是园区内的企业。这样一来，“第一方”是政府，是环保管理部门，即管理方，“第二方”是园区企业，即排污单位，被管理方，“第三方”是环保管家。环保管家起到的作用，主要是替政府管好企业的环境污染问题。打个比方，家长委托家教对学生进行课程辅导，“环保管家”即承担着“替家长对学生进行辅导”的任务。而“辅导”本身只是教育的补充，并不是教育的全部。

随着环保管家及第三方环保服务业的发展，“环保管家”也可直接服务于企业，解决企业的环保问题和管理需求。自此，环保管家的服务对象进一步扩展了，包含政府和企业，涵盖工业园区和园区内的企业。

1. 政府作为服务对象

我国政府针对环保工作管理，有一套完整的机构和体制。环保工作管理的“政府”，不是单一的某一省市人民政府或者生态环境局，也可以是特定的工业园区管理委员会或办公室。“政府”对应的是一套完整的环境行政管理体制。要理解“政府”作为“环保管家”服务对象的特点，就要了解各级政府、环保部门的组织架构和职能分工是什么，工业园区及企业的环保机构是什么。

在政府层面，目前我国确立了以政府为主导，统一监督管理与分级、分部门监督管理相结合的环境管理体制。就环境行政管理体制而言，其中最重要的是中央政府相关部门之间以及中央政府与地方政府之间的行政隶属、组织架构和职权分配等关系。我国环境行政管理体制的发端，至少可以追溯到1972年举行的联合国人类环境会议和在次年举行的全国首届环保大会。而自改革开放以来，我国的环境行政管理体制经历了多次改革，历次改革呈现出“升格”“扩权”“增能”的趋势：1982年，组建城乡建设环境保护部，内设环境保护局，属司局级机构；1984年，环境保护局改名为国家环境保护局，作为国务院环境保护委员会的办事机构，归城乡建设环境保护部领导；1988年，国家环境保护局从建设部中分离出来，成为国务院直属机构；1998年，国家环境保护总局升格为正部级机构，强化全国的环境政策制定、规划、监督、协调等职能，同时成立国土资源部，以统一对国土资源进行管理；2008年，原国家环境保护总局升格组建环境保护部，由国务院直属机构变成国务院组成部门，为更好地发挥环保在服务民生、宏观调控等方面的功能提供了组织保障；2018年，国务院机构改革方案通过，整合了相关要素部门污染防治职能，组建生态环境部，不再保留环境保护部。

我国当前的环境管理体制是一种“纵横结合”“条块结合”的复合性模式。在纵向关系上，实行分级管理，生态环境部是国家环境保护行政主管部门，各级人民政府设有相应的环境保护行政主管机构，对所辖区域进行环境管理。这种管理模式被称为“块块管理”或“区域管理”。这种模式，将同一区域内的环境问题，不分行业、领域和类别都纳入管理范围。《中华人民共和国环境保护法》（2014 年修订，下同）第六条、第二十八条分别规定，“地方各级人民政府应当对本行政区域的环境质量负责”，“地方各级人民政府应当根据环境保护目标和治理任务，采取有效措施，改善环境质量”。这是我国区域管理模式的确立基础和法律依据。

在横向关系上，我国现行环境管理体制确立了统管部门与分管部门相结合的管理模式。这种管理模式被称为“条条管理”。《中华人民共和国环境保护法》第十条规定：“国务院环境保护主管部门，对全国环境保护工作实施统一监督管理；县级以上地方人民政府环境保护主管部门，对本行政区域环境保护工作实施统一监督管理”。环保部门被定位为“对环境保护工作实施统一监督管理”的部门，即通常所说的“统管”部门；而“分管”部门是指依法分管某一类污染源防治或某一类自然资源保护监督管理工作的部门，包括国家海洋行政主管部门、港务监督和各级土地、矿产、林业、农业、水利行政主管部门等。统管部门与分管部门之间执法管理地位平等，不存在行政上的隶属关系，没有领导与被领导、监督与被监督的关系。因而，这种管理模式的有效运行，在很大程度上依赖于各个部门之间的协调和合作，而建立彼此间共识的协商就成了这个体制的核心特征。

这样一种环境行政管理体制，体现了我国经济社会现代化进程中对生态文明建设、人与自然和谐共生关系的探索过程，表明我国各级政府对生态环境保护重要性认识不断提高，依法科学管理生态环境能力逐渐提升，对提升环境治理、做好污染防治工作发挥了积极作用。但与此同时，现行环境管理体制无论在中央还是地方政府层面上，都还存在着诸多亟需改进的不足或缺陷，仍处于不断改革与完善的过程中。

近年来，我国环保管理体制改革主要有两件大事：一是组建生态环境部，二是“环保垂改”。

1）组建生态环境部

生态环境部是国务院组成部门，是环保管理系统的最高机构，最早可追溯至 1974 年，即成立的国务院环境保护领导小组。国务院环境保护领导小组成立之初主要承担的环保职责是负责制定环境保护的方针、政策和规定，审定全国环境保护规划，组织协调和督促检查各地区、各部门的环境保护工作。经过多年的改革变迁，而今的生态环境部从最早与城乡建设部门接受统一领导，到分离出来成立独立的国家环境保护局、国家环境保护总局，从副部级机构到正部级机构，最终成为国务院组成部门。

组建生态环境部在十九大报告中就有相关暗示。比如，十九大报告对生态环境监管体制改革的诸多方面作出了重要部署，提出加强对生态文明建设的总体设计和组织领导，设立国有自然资源资产管理和自然生态监管机构，完善生态环境管理制度，统一行使全民所有自然资源资产所有者职责，统一行使所有国土空间用途管制和生态保护修复职责，统一行使监管城乡各类污染排放和行政执法职责。这三个“统一”将把相关部门分散的职责集中统一起来，实现权责明确清晰，进而更好管控生态环境和自然资源。

随着 2018 年 3 月，十三届全国人大一次会议第四次全体会议的表决通过，生态环境部正式成立，同时不再保留环境保护部。组建后的生态环境部整合国家发改委、水利部、农业部、国家海洋局等部门的职责。

2018 年 8 月，生态环境部“三定方案”印发。根据该方案，生态环境部整合的其他部门职责包括：① 国家发改委的应对气候变化和减排职责；② 国土资源部的监督防止地下水污染职责；③ 水利部的编制水功能区划、排污口设置管理、流域水环境保护职责；④ 农业部的监督指导农业面源污染治理职责；⑤ 国家海洋局的海洋环境保护职责；⑥ 国务院南水北调工程建设委员会办公室的南水北调工程项目区环境保护职责。

生态环境部的基本职责定位是“监管”。生态环境部的成立将分散的生态环境保护职能——原环境保护部全部职责和其他六个部门相关职责整合到了一起，让所有者和监管者分开，相互独立、相互配合、相互监督，监管领域进一步扩展，监管职能进一步增强。新组建的生态环境部还进一步增强了监管方面的四大职能：统一行使生态和城乡各类污染排放监管与行政执法职责，重点强化生态环境制度制定、监测评估、监督执法和督察问责。

制定生态环境政策、规划和标准。即统一制定生态环境领域政策、规划和标准，划定并严守生态保护红线，制定自然保护地体系分类标准、建设标准并提出审批建议等。

监测和评估生态环境变化状况。即统一负责生态环境监测工作，评估生态环境状况，统一发布生态环境信息。

对生态环境违法行为进行监督执法。即整合污染防治和生态保护的综合执法职责、队伍，统一负责生态环境执法，监督落实企事业单位生态环境保护责任。

对地方政府以及相关部门进行责任督察和问责。即对地方党委政府和有关部门生态环境工作进行督察巡视，对生态环境保护、温室气体减排、污染防治攻坚战目标完成情况进行考核问责，监督落实生态环境保护“党政同责、一岗双责”。

对于生态环境部门而言，审查许可是监管的重要手段，因此，要在深入推进简政放权的基础上，进一步加强源头严控，强化环评审批、排污许可、自然保护地评审，以及危险废物和化学品环境许可、海洋倾废审批、核与辐射安全许可等工作力度。

生态环境部把原来分散的污染防治和生态保护职责统一起来，很好地解决了长期以来在生态环境保护体制机制方面存在的职责交叉重复、监管者和所有者没有很好分开等突出问题。2018 年生态环境部的组建实现了“一个贯通”和“五个打通”：污染防治与生态保护的协调联动贯通（做到治污减排与生态增容两手并重、同向发力，统筹推动实现生态环境质量总体改善的目标）；打通地上和地下（整合国土资源部的监督防止地下水污染职责），打通岸上和水里（整合水利部的编制水功能区划、排污口设置管理、流域水环境保护职责），打通陆地和海洋（整合国家海洋局的海洋环境保护职责），打通城市和农村（整合农业部的监督指导农业面源污染治理职责），打通一氧化碳和二氧化碳（整合国家发改委的应对气候变化和减排职责）。

2）环保垂改

2016 年以来，我国开始推行省以下环保机构监测监察执法垂直管理制度（即“环保垂改”）。中共中央办公厅、国务院办公厅于 2016 年 9 月印发了《关于省以下环保机构监测监察执法垂直管理制度改革试点工作的指导意见》（中办发〔2016〕63 号），其中 12 个试点省、直辖市包括河北、上海、江苏、福建、山东、河南、湖北、广东、重庆、贵州、陕西、青海，要求在 2017 年 6 月底前完成改革试点工作，在 2018 年 6 月底前基本完成改革工作，在“十三五”末全国省以下环保部门按照新制度运行。实施“省以下垂直管理”，改变了市级环保局之前的属地管理，实行以省级环保厅（局）为主的双重管理，虽然市级环保局仍为市级政府工作部门，但主要领导均由省级环保厅（局）提名、审批和任免，避免地方干扰。而县级环保局将直接调整为市级环保局的派出分局，由市级环保局直接管理，其人财物及领导班子成员均由市级环保局直管。

与此同时，市县两级环保部门的环境监察职能将上收，由省级环保部门统一行使，省环保厅（局）通过向市或跨市县区域派驻等形式实施环境监察。现有的市级环境监测机构将调整为省级环保部门驻市环境监测机构，由省级环保部门直接管理，人员和工作经费均由省级承担。

“环保垂改”是一项带有根本性、全局性的重大改革举措，动体制、动机构、动人员。《关于省以下环保机构监测监察执法垂直管理制度改革试点工作的指导意见》从三个层面破解地方保护主义对环境监测执法的干预：体制上，省级环保部门直接管理市级环境监测机构，确保生态环境质量监测数据真实有效；市级统一管理行政区域内的环境执法力量，依法独立行使环境执法权。保障上，驻市级环境监测机构的人财物管理在省级，县级环保部门的人财物管理在市级。领导干部管理上，县级环保分局领导班子由市级环保局直接管理，市级环保局领导班子由省级环保厅（局）主管。

2018 年，经中央批准，省以下环保机构监测监察执法垂直管理制度改革在全国推开。

工业园区在“环保管家”服务对象中本质上也属于“政府”一类。工业园区会设置一个综合性的管理机构，比如产业环保局或者管理委员会，环保职能一般与其他职能合并在一起，如与产业规划、安全生产、招商等管理职能合并。在管理委员会下会设有以环境保护为主要工作内容的机构，并由一位分管副局长（主任）负责，配备有办事人员。一些管理委员会，在开展上级传达的专项工作时可能还会单独由几位办事员成立某个工作小组，以更好地完成上级部门的环保任务。

工业园区的环保机构一般是不具备环保执法权力的，因此其职责主要是负责园区内除环境执法外的生态环境保护管理工作，另外负责固定资产投资项目节能评估审查与备案工作，负责推进园区内企业节能环保、低碳、两型建设。

“环保管家”服务政府，即可以作为管理部门监管企业的有力抓手，极大程度地弥补环保管理的技术、人力短板，提升监管质量，有助于实现对污染企业的精细化、专业化管理，对改善整个区域环境质量、实现人民美好生活环境的愿景有积极作用。

2. 企业作为服务对象

对于企业来说，公司法人代表或者总经理为公司环境保护第一责任人，对企业的环境保护全面负责，承担企业的环保法律责任。党的十九大报告提出，“构建政府为主导、企业为主体、社会组织和公众共同参与的环境治理体系”。《中华人民共和国环境保护法》第四十二条第二款规定，“排放污染物的企业事业单位，应当建立环境保护责任制度，明确单位负责人和相关人员的责任”。《国务院办公厅关于印发控制污染物排放许可制实施方案的通知》要求，企事业单位应明确单位负责人和相关人员环境保护责任，不断提高污染治理和环境管理水平，自觉接受监督检查。

对企业来说，治污减排不仅仅是法律责任、社会责任，更是生存的现实需要。企业是市场经济的主体，也是环境保护的主体，是环境保护的重要参与者。在我国经济转向高质量发展的新阶段，企业在主动担起环境治理责任的基础上谋发展，才能有出路。2014 年修订的《中华人民共和国环境保护法》规定了企业环境保护的九大责任，从法律层面划出了企业生存发展的底线。企业应当知法、懂法、守法，主动防污治污，规规矩矩地按照法律法规去组织生产、完善工艺，促进生产经营活动健康开展，做不得污染治理上的“数字游戏”与表面文章，否则必将自食苦果。因此，为适应新形势下环境保护的要求，每一个企业都应主动强化环保管理机构及人员配置，不断完善环境保护责任制。

工业企业需制定环保管理制度，并配备专职环保管理人员。但目前法律法规对环保管理机构及人员配置的数量，并没有确定的要求，每家企业的设置情况都不一样。少数涉污的大企业，设有安全环保部，将安全管理和环境保护的职能放在一起。目前多数企业没有专门的环境管理部门，而是将环境保护责任纳入了企业的其他职能部门，或者设置一个名义上的环保办公室。比如，在企业制定的环保管理制度里，设置有环保领导小组，小组成员均由企业的中高层管理人员兼任。企业的环保技术人员一般被纳入技术部或者生产运营部门。有的公司配备了环保专员，或者是同时负责安全管理的安环专员。

不管企业的环保机构和人员如何配置，企业的环保责任主要包括：

(1) 依法采取措施防止污染和危害，损害应担责；

(2) 遵守环境影响评价和“三同时”要求；

(3) 严格按照排污许可证排污，不得超标、超总量；

(4) 规范排污方式，严禁通过逃避监管方式排污；

(5) 全面建立环境保护责任制度，强化内部管理；

(6) 安装使用监测设备并确保正常运行；

(7) 积极配合环保监管部门人员接受现场检查；

(8) 主动实施清洁生产，减少污染物排放；

(9) 按照国家规定缴纳排污费（环境保护税）；

(10) 全面如实公开排污信息，接受社会监督；

(11) 切实履行环境风险防范责任；

(12) 依法承担无过错侵权责任和举证责任，稳妥处理厂群关系。

由于企业往往缺乏必要的环境管理技术能力和人员，因此需要委托“环保管家”来提高企业环保管理、自我监督的水平。引入环保管家服务后，针对企业遇到的具体环保问题，环保管家可以进行专业的解答、释疑，同时通过定期组织专家讲座、开展技能培训等方式，促进企业环境管理水平、污染防治水平以及人员的综合素质全面提升，促使企业开展清洁生产、节约能源，实现企业升级转型。同时，“环保管家”有助于优化企业内部人力分配，弥补企业人力资源不足的短板，辅助企业从被动守法向自觉守法转变。

2.4 环保管家合同模板

环保管家服务对象不同，其合同模板也略有差异。通常来说，因为环保管家服务工作量较大，涉及合同金额预算一般不低，根据政府采购及招投标法律等要求，工业园区或者乡镇往往采用公开招投标的形式对供应商进行选择。此类项目的合同一般在代理阶段和正式招标文件发出后就已确定。在采购工作完成后，中标单位可就合同事项与采购人沟通，在代理单位的介入下，针对原定合同中的部分内容进行调整。而如果环保管家的服务对象是工业企业，则合同将全程以甲乙双方协商讨论的形式确定。以下根据相关资料以及笔者的从业经验，提供几则服务合同模板，以便读者更好地理解环保管家工作。

2.4.1 环保管家政府采购合同模板

1. 环保管家政府采购服务合同 1

政府采购合同

（服务类）

项目名称：＿＿＿＿＿＿开发区环保管家服务项目

甲　　方：＿＿＿＿＿＿

乙　　方：＿＿＿＿＿＿

签订地点：＿＿＿＿＿＿

签订日期：＿＿年＿＿月＿＿日

＿＿＿＿＿＿（采购人）以公开招标对＿＿＿＿＿＿＿＿（项目名称）进行了采购。经评标委员会评定，＿＿＿＿＿＿（中标单位）为该项目中标供应商。现于中标通知书发出之日起十五日内，按照采购文件确定的事项签订本合同。

根据《中华人民共和国民法典》等相关法律法规之规定，按照平等、自愿、公平和诚实信用的原则，经＿＿＿＿＿＿（以下简称：甲方）和

____________（以下简称：乙方）协商一致，约定以下合同条款，以兹共同遵守、全面履行。

1 合同组成部分

下列文件为本合同的组成部分，需综合解释、相互补充。如果下列文件内容出现不一致的情形，那么在保证按照采购文件确定的事项的前提下，组成本合同的多个文件的优先适用顺序如下：

1.1 本合同及其补充合同、变更协议；

1.2 中标通知书；

1.3 投标文件（含澄清或者说明文件）；

1.4 招标文件（含澄清或者修改文件）；

1.5 其他相关采购文件。

2 标的

2.1 标的名称：________________（项目名称）；

2.2 ____________环保管家服务项目即是通过甲方购买服务形式，由乙方为开发区提供环保管家服务，主要包括以下内容：

工作类别	工作内容	考核标准
一、环保政策、法律及培训	为开发区和企业提供环保政策、法律及技术培训，如提供环境保护决策咨询全方位服务，建立和完善环保管理制度，“环保大讲堂”定制培训服务等	根据实际需要提供咨询服务，以现场办公为主。指导内容形成服务清单。培训服务不少于6次/年，每次培训形成档案材料
二、开发区规划及环评管理	为开发区规划及环评管理提供技术支持，如评估筛选拟落地项目、环评审批、排污许可证审核、“三同时”业务办理等	根据实际需要提供咨询服务
三、项目及工程管理	协助开发区进行项目及工程管理，如协同开发区对项目建设期间环境污染防护措施落实情况进行指导、督查，对复工复产企业进行环保把关	根据实际需要提供咨询服务和现场服务，指导内容形成服务清单
四、环保整治管理	配合开发区开展环保整治管理工作，如指导、协助开发区及企业完成相关环保报表，整理环保档案并形成开发区企业生态环境“一企一档”档案库，对开发区和企业环境治理和管理情况进行梳理，形成问题清单，协助开发区督促企业开展整治工作，全面提升开发区企业三废治理能力；协助开发区继续对“散、乱、污”企业开展排查整治，形成清单，推进治理；协助开发区定期对区内水环境进行巡查	根据实际需要提供咨询服务和现场服务，形成开发区企业生态环境“一企一档”档案库、重要指标清单、行业分类清单等

续表

工作类别	工作内容	考核标准
五、环境风险防控	协同开发区做好环境风险防控应急工作，如指导、审核开发区环境信息公开内容和企业环境信息公开栏；协助开发区完成环境风险隐患排查整改工作；协助开发区对照突发环境事件应急预案组织突发环境事件应急演练；协助开发区开展环保安全生产专项整治，指导、督促企业完成整改，实行闭环管理	根据实际需要提供咨询服务，指导内容形成服务清单。突发环境事件应急演练不少于1次/年，形成相关档案
六、环保督查管理	协助开发区开展区内企业环保督查管理，如协助开发区迎接各级环保督察工作、完成上级环保督查、开展环保专项行动、完成督查整改销号工作；配合开发区环保部门开展日常检查，形成检查清单，建立台账，指导、督促企业完成整改，实行闭环管理；协助开发区建立区内重点企业环保长效管理机制，配合开发区对区内重点企业开展环保飞行检查工作；协助开发区开展年度环境质量评估；协助开发区解决各类信访案件等，根据需要组织专家对相关问题进行现场诊断并提供针对性解决方案	根据实际需要提供咨询服务和现场服务，日常检查形成园区生态环境周报月报等档案，其他重点工作在周报月报中体现。同时对上级交办事项、重点事项形成整改闭环材料。协助开展环境质量年度评估，不少于1次/年
七、智慧环保监管建设	完善开发区智慧环保监管建设，对开发区智慧监管平台现有环保功能进行技术判断，提出有效意见、建议，指导、帮助开发区建立健全平台常态化环境监管联动机制	根据实际需要提供咨询服务和现场服务
八、环保咨询顾问	为开发区绿色发展和环保规范化管理全面提升提供技术支持和专家意见	根据实际需要提供咨询服务和现场服务，协助园区形成相关档案

2.3　标的数量：＿＿＿1项＿＿＿；

2.4　标的质量：合格，符合招标文件、投标文件及承诺。

3　价款

本合同总价为：人民币＿＿＿＿万元整（￥＿＿＿＿＿元）。

4　付款方式

付款方式：合同签订后15日历天内支付合同款的＿＿＿%作为预付款，合同剩余款项按每三个月一次的周期支付，每期支付合同款的＿＿＿%，具体金额根据甲方对乙方的工作考核情况进行支付。

5　履行期限、地点和方式

5.1　履行期限：采购合同签订后1年；

5.2　履行地点：＿＿＿＿＿＿＿＿；

5.3　履行方式：根据招标文件要求及供应商承诺、投标文件进行服务。

6 履约保证金

本项目不收取履约保证金。

7 违约责任

7.1 除不可抗力外，如果乙方没有按照本合同约定的期限、地点和方式履行，那么甲方可要求乙方支付违约金，违约金按每迟延履行一日应提供而未提供服务价格的0.3%计算，最高限额为本合同总价的10%；迟延履行的违约金计算数额达到前述最高限额之日起，甲方有权在要求乙方支付违约金的同时，书面通知乙方解除本合同；

7.2 除不可抗力外，如果甲方没有按照本合同约定的付款方式付款，那么乙方可要求甲方支付违约金，违约金按每迟延付款一日应付而未付款的0.3%计算，最高限额为本合同总价的5%；迟延付款的违约金计算数额达到前述最高限额之日起，乙方有权在要求甲方支付违约金的同时，书面通知甲方解除本合同；

7.3 除不可抗力外，任何一方未能履行本合同约定的其他主要义务，经催告后在合理期限内仍未履行的，或者任何一方有其他违约行为致使不能实现合同目的的，或者任何一方有腐败行为（即：提供、给予、接受、索取任何财物或其他好处，或采取其他不正当手段来影响对方当事人在合同签订、履行过程中的行为）、欺诈行为（即：以谎报事实或隐瞒真相的方法来影响对方当事人在合同签订、履行过程中的行为）的，对方当事人可以书面通知违约方解除本合同；

7.4 任何一方按照前述约定要求违约方支付违约金的同时，仍有权要求违约方继续履行合同、采取补救措施，并有权按照己方实际损失情况要求违约方赔偿损失；任何一方按照前述约定要求解除本合同的同时，仍有权要求违约方支付违约金和按照一方实际损失情况要求违约方赔偿损失；且守约方行使的任何权利救济方式均不视为其放弃了其他法定或者约定的权利救济方式；

7.5 除前述约定外，除不可抗力外，任何一方未能履行本合同约定的义务，对方当事人均有权要求继续履行、采取补救措施或者赔偿损失等，且对方当事人行使的任何权利救济方式均不视为其放弃了其他法定或者约定的权利救济方式；

7.6 如果出现采购监督管理部门在处理投诉事项期间，书面通知甲方暂停采购活动的情形，或者询问、质疑事项可能影响中标结果的，导致甲方中止履行合同的情形，均不视为甲方违约。

8 合同争议的解决

本合同履行过程中发生的任何争议，双方当事人均可通过和解或者调解解决；不愿和解、调解或者和解、调解不成的，可以选择下列第1种方式解决：

8.1 将争议提交仲裁委员会依申请仲裁时现行有效的仲裁规则裁决；

8.2 向合同签订地人民法院起诉。

9 通知、法律文书送达地址

甲乙双方保证在本合同下提交的住所地址、通讯地址及其他登记文件等的合法有效信息作为通知及法律文书（含诉讼文书、传票等）送达地址、联系方式；如有变更，应立即书面通知对方。否则，如因提交的资料不实或相关资料变更未及时通知导致对方通知送达不到的后果，其风险责任自行承担。一方按本协议确定的另一方通讯地址寄出的函件在寄出后五天即视为送达对方。

10 其他事宜

10.1 本合同经双方法定代表人或授权代表人签字并加盖公章之日起生效；

10.2 本合同一式陆份，甲乙双方各执贰份，备案贰份，合同及相关附件具有同等法律效力；

10.3 其他未尽事宜由双方协商解决。

2. 环保管家政府采购服务合同2

政府采购合同

采购单位（全称）： ______________________（简称甲方）

成交供应商（全称）： ____________________（简称乙方）

签订地点：________省________市（县）

签订日期：________年________月________日

依照《中华人民共和国政府采购法》《中华人民共和国民法典》及其他有关法律、行政法规，遵循平等、自愿、公平和诚实信用的原则，双方就______（项目名称）______相关事项协商一致，达成如下合同条款：

一、服务内容、方式和要求：

____________项目内容主要包括：

1. 项目环保准入咨询。在引入项目的环保准入方面提供技术支撑。在产业政策相符性、规划相符性、三线一单及环保政策合规性等方面提出意见及建议。

2. 年度监测方案及监测数据评估。协助编制园区年度环境监测方案，指导园区进行年度环境监测，协助园区编制年度环境监测评估报告。

3. 协助园区开展突发环境事件应急演练。根据园区突发环境事件应急预案的要求，指导园区定期开展突发环境事件应急演练。

4. 协助园区完成年度特征污染物名录库建设。指导企业开展园区特征污染物名录库系统填报，协助园区对特征污染物名录库筛选结果合理性进行审核。

5. 为园区提供“环保大讲堂”定制培训服务。包括但不限于：环保法及配套办法解读、环保政策解读、重点环保督查、整治内容解读、排污许可证申报和证后管理、泄漏检测与修复（LDAR）治理要点、三废治理技术介绍、应急预案培训等，提升园区及企业环境保护意识和环境管理水平，环保集中培训每年不少于6次。

6. 协助园区完善智慧综合监管平台环保板块功能，提供园区智慧综合监管平台现有环保功能应用过程中的完善建议，指导、帮助园区建立健全平台常态化环境监管联动机制。

7. 协助指导园区建立和完善环保管理制度。根据最新环保政策，协助园区及时建立和更新完善环保管理制度。

8. 指导、协助园区完成环保业务相关报表制定、审核等工作。针对具体政策问题，协助园区与相关单位进行沟通协调，为园区提供环境保护决策咨询全方位服务。

二、履行期限、地点和方式：

1. 履行期限：自合同签订之日起，为期一年。

2. 履行地点和方式：双方协商确定。

三、甲方的协作事项：

在合同生效后________个工作日（时间）内，甲方应向乙方提供下列资料/工作条件：园区年度环境监测数据、引入项目基础材料、园区规划环评及批复、企业环评及批复、企业排污许可证等（有关技术资料及现场踏勘工作条件）。

四、技术情报和资料的保密：

甲方：

1. 保密内容（包括技术信息和经营信息）：负有对乙方提供成果文件中按国家规定应予保密的技术信息和本合同的经营信息承担保密义务。

2. 涉密人员范围：____项目组参与人员____。

3. 保密期限：____________年。

4. 泄密责任：____按照有关规定追究责任____。

乙方：

1. 保密内容（包括技术信息和经营信息）：负有对甲方提供的该项目技术资料中按国家规定应予保密的技术信息和本合同的经营信息承担保密义务。

2. 涉密人员范围：____项目组参与人员____。

3. 保密期限：____________年。

4. 泄密责任：____按照有关规定追究责任____。

五、验收、评价方法：

咨询成果达到了本合同第一项所列要求，采用双方协商认可的方式验收。

六、报酬及其支付方式：

1. 本项目报酬（咨询经费）：人民币________元整（¥________）。

2. 支付方式（采用以下第 ② 种方式）：

①一次总付：__________元，时间____________。

②分期支付：

签订合同后付中标价的_______%作为项目启动资金；服务期满半年后付总服务费的_______%；服务期到期后付清余款。

七、违约金或者损失赔偿额的计算方法：

1. 违反本合同第六条约定，甲方应承担违约责任，承担方式和违约金额如下：双方协商。

2. 违反本合同第二、五条约定，乙方应承担违约责任，承担方式和违约金额如下：双方协商。

八、争议的解决方法：

在合同履行过程中发生争议，双方应当协商解决，也可以请求_______进行调解。

当事人不愿协商、调解解决或者协商、调解不成的，双方商定，采用以下第1种方式解决：

1. 因本合同所发生任何争议，申请甲方所在地仲裁委员会仲裁。

2. 依法向甲方所在地人民法院起诉。

九、本合同约定双方签字、盖章后生效。本合同一式陆份，甲方乙方各执叁份，每份具有同等法律效力。

2.4.2 企业环保管家服务合同模板

技术咨询合同

项目名称： 有限公司环保管家合作协议

委托人（甲方）： 有限公司

受托人（乙方）： ____________________

签订地点： ____________________

签订日期： 年 月 日

有效期限： 年 月 日至 年 月 日

甲方委托乙方就________有限公司环境管理进行技术咨询，双方经过平等协商，在真实充分地表达各自意愿的基础上，根据《中华人民共和国民法典》的规定，达成如下协议，并由双方共同恪守。

第一条　甲乙双方就以下工作达成合作协议，乙方具备开展以下工作的能力，甲方如有相关业务，应优先选择乙方进行技术咨询，咨询内容包括但不限于以下内容：

（1）根据国家和地方有关的环境保护法律、法规和相关技术规范要求开展环保管家服务，提交成果：①企业环境问题诊断报告；②为企业提供环境保护决策咨询全方位服务；③协助企业建立“一企一档”环保档案库；④配合企业完成环保主管部门开展的环保飞行检查工作；⑤协助企业完善环境管理。

（2）根据建设项目环境影响后评价管理办法编制《________有限公司建设项目环境影响后评价报告》。

（3）根据《中华人民共和国环境保护法》《首次申请上市或再融资的上市公司环境保护核查工作指南》，以及国家和地方有关上市核查编制要求，编制《________有限公司上市环境保护核查技术报告》。

（4）根据《危险废物鉴别技术规范》等要求，为企业编制《________有限公司危废鉴定报告》。

（5）为企业申报排污许可证。

（6）为企业编制扩建或新建设项目竣工环境保护验收报告。

第二条　根据甲方进度要求，乙方应完成上述咨询工作，但倘若甲方未能及时启动相关工作，乙方不具备开展工作的条件，则乙方有权相应地延长工作期限。

第三条　为保证有效进行技术咨询工作，甲乙双方的职责明确如下：

（一）甲方的职责

（1）甲方应及时提供所需相关资料。

（2）乙方在评价过程中提出合理要求和技术疑问，甲方还应在三个工作日内提供所需求的资料和数据。

（3）提供工作条件：配合现场调查和工作。

（二）乙方的职责

（1）乙方在合同签订之日起五日内，向甲方提供所需资料清单。

（2）及时验证由甲方提供的基础资料的准确性，并在收到甲方提供资料后的七日内提供初步验证结果。

第四条　甲方向乙方支付技术咨询报酬及支付方式为：根据实际开展的工作，甲方支付乙方相应费用，具体费用根据工作内容合同另行约定。双方年度内没有实际合同发生时，乙方可根据为甲方提供的咨询服务量，收取年度咨询费用，费用控制在________万元以内，具体由双方协商。本合同约定服务期限为一年。

第五条 双方确定因履行本合同应遵守的保密义务如下：

乙方应对其从甲方收到的一切资料（下称“保密资料”）予以保密，并仅用于本合同所述的目的。

第六条　本合同的变更必须由双方协商一致，并以书面形式确定。

第七条　双方确定：

（1）在本合同有效期内，甲方利用乙方提交的技术咨询工作成果所完成的新技术成果，归甲方所有。

（2）在本合同有效期内，乙方利用甲方提供的技术资料和工作条件所完成的新技术成果，归乙方所有。

第八条　双方确定，在本合同有效期内，甲方指定甲方项目联系人，乙方指定乙方项目联系人。项目联系人承担以下责任：与本项目相关技术资料数据的问询、交接，及与本项目有关的其他联络事宜。

一方变更项目联系人的，应当及时以书面形式通知另一方。未及时通知并影响本合同履行或造成损失的，应承担相应的责任。

第九条　双方确定，出现下列情形，致使本合同的履行成为不必要或不可能的，可以解除本合同。

（1）发生不可抗力；

（2）本项目中止。

第十条　双方因履行本合同而发生的争议，应协商、调解解决。协商、调解不成的，应提交仲裁委员会，根据届时有效的仲裁规则仲裁解决。仲裁裁决为终局性，且对双方均具有约束力。

第十一条　双方确定：本合同及相关附件中所涉及的有关名词和技术术语，其定义和解释如下：________________________。

第十二条　本合同一式六份，具有同等法律效力。

第十三条　本合同经双方签字盖章生效。

委托方（甲方）

名称：（签　章）

法定代表人：（签　章）

委托代理人：（签　章）

联系人：（签　章）

地址：

邮政编码：

电话：

开户银行：

账号：

受托方（乙方）

名称：（签　章）

法定代表人：（签　章）

委托代理人：（签　章）

联系人：（签　章）

地址：

邮政编码：

电话：

开户银行：

账号：

2.5 环保管家服务流程

除去甲方有明确工作流程或者模式要求的情况，环保管家服务工作的抓手和切入点一般来自于排查。环保管家服务的主要服务流程，大致可分为：① 由提供环保管家服务的机构对治理对象的基本情况进行调查。② 对调查过程中发现的实际问题进行汇总。然后，针对不同的问题内容一一提出具体的解决方案。③ 对这一方案进行实施，并根据实施的成果随时进行方案的调整，然后对这一方案进行评估。具体工作包括几个方面：

首先是服务对象环保情况的调研，包括收集服务企业或工业园区的基本情况、环保相关文件（包括环评、环保竣工验收、应急预案、废物管理、排污许可管理及环保制度等），深入企业或工业园区调研“三废”处理情况及处置设施的运行情况，调研的侧重点可以根据服务对象的实际情况与具体需求随时进行调整。有条件的需要形成电子材料或者纸质档案，以便服务工作实施过程中随时对资料进行调用。

其次需要汇总存在的问题。就前期收集的资料及现场检查存在的问题列出清单，深入服务对象分析问题存在的根源。可以将前期收集到的文件内容中发现的弊端以及在团队深入现场调研时发现的问题一一列举出来，并对这些问题进行深入透彻的分析。这一环节的技术门槛看似不高，行业新人在现场检查时对照某一规范标准也可以逐条发现问题。但如果抛开特定的“标准”和框架，对企业现场进行排查，则对从业者的环保知识储备、经验都有很高的要求。环境保护相关法律法规系统性、专业性强，更新迭代快，近年来环境保护相关文件不断细化，及时、准确地解读环境保护相关新政策、法规客观上来讲难度较大。以环境影响评价为例，《中华人民共和国环境影响评价法》2003 年实施以来，于 2016 年、2018 年进行了修订。《建设项目环境影响评价分类管理名录》1999 年发布之后，环保部门先后在 2003、2008、2015、2017、2018、2021 年进行了修订。《环境影响评价技术导则》近年也几乎都有修改，并且评价要求、评价等级、评价方法等核心内容都有了较大改动。此外，《中华人民共和国环境保护法》《中华人民共和国大气污染防治法》《中华人民共和国水污染防治法》《中华人民共和国海洋环境保护法》《中华人民共和国核安全法》《中华人民共和国土壤污染防治法》等环保领域法律、草案均有相应的制定或修改。除去环保的法律法规，各地区的政策要求、污染物标准都各有差异，江苏省的标准不一定适用于浙江省，广东省已具备的政策指南对应到其他省市地区可能仍是空白状态……这些难点的克服需要从业者从一而终地关注行业动态，不断积累和完善自身知识储备，丰富技能水平。

发现问题之后，则需要研究解决方案。“环保管家”是协同的，除去现场踏勘的技术人员，解决方案的制定还依赖项目组背后的技术团队，有时在一家服务单位技术能力受限的情况下，可能还需要同行在自己不熟悉的领域上进行技术协助，形成“共赢”局面。接着将所发现的上述问题罗列形成问题清单，联合专家及服务团队制定问题的解决方案。方案的制定需要尽可能地考虑从源头解决问题，包括对工业园区产业结构、企业生产方案上进行优化，对水气固环保治理设施进行评估并升级，对具备条件的服务对象升级自动化监测监控系统等。

问题的解决和最终方案的确定往往不是一蹴而就的，更多的是结合理论在实践中不断探索，优化现有方案。这就需要“环保管家”在服务进程中，定期评估方案实施效果，与服务对象分析并实时调整方案，并全程跟进、监督方案的实施。最后在服务工作完结后，由“环保管家”与服务对象对实施方案的实际效果进行评估。

2.6 环保管家的服务内容

“环保管家”是适应社会日益深层化、多样化环保需求的传统环保服务业的延伸。事实上，现今的从业者中有相当一部分是从旧有的环境咨询业务模式转型而来的。一方面，以环境影响评价业务为代表的旧有环境咨询业务类型单一、盈利模式简单、政策依赖度较大、抗风险能力不强、“同质化”竞争等劣势逐步显现，从业者亟需转型。另一方面，这部分环保工作者曾长期承担着我国环境法规政策的执行、环境评价、清洁生产、排污许可、污染防治、生态保护等技术服务工作，他们人员数量多、素质好、能力强，是我国环境保护领域的技术中坚力量。这些现实原因也影响了“环保管家”的服务内容，“环境咨询”成为“环保管家”服务内容的基本盘。

“环境咨询”是一个广泛的概念，指的是第三方环境服务机构以环境专业知识、信息、技术、经验为资源，面向环保主管部门、工业园区、企业等单位，提供解决环境专业问题的方案或决策建议，其服务的具体内容涵盖了环境规划、环境影响评价、环境监理、环境工程咨询、环境设计、环境管理体系与环境标志产品认证、清洁生产审核、环境应急预案、环保培训等一系列咨询类项目，总的来说，是以评估、设计等为手段的“软性”环保服务。

“环境咨询”的本质是服务，服务范围是环保领域，服务对象是政府部门、工业园区、企业，涉及面广，包括大气、水、噪声、固废、土壤、生态等环境领域的所有方面；专业性强，环保专业人员用环保专业知识解决环保专业问题；服务模式新，针对不同对象、不同项目、不同业务有不同的服务模式。

常见的环保管家服务内容包括以下方面。

2.6.1 企业环保管家的服务内容

结合企业生产工艺，针对企业出现的环保问题，及时提供专业的理论和技术指导；对国家新发布实施的环保法规、政策及标准进行有效解读，协助企业对环保防治措施进行提标改造。

1. 环境管理

指导企业办理相关环保手续，主要是以下工作：

(1) 环保手续梳理；

(2) 排污总量核算、排污申报登记、排污许可证申请等；

(3) 环保税核算；

(4) 环保相关技术报告编制及相关单位推荐（环评、验收、清洁生产、后评价、生态修复等）。

2. 设施运行

协助企业开展以下工作：

（1）梳理、筛查企业现有环保设施运行情况，发现问题，并提出解决方案；

（2）遴选环境污染治理设施，并协助完成环保设备的完善和更新；

（3）应对环保部门督查及整改，迎接环保部门督查及制定后续问题整改对策；

（4）结合企业自身管理特点，完善企业内部环境管理制度，并根据运行情况持续改进。

3. 环保培训

协助企业开展以下工作：

（1）结合企业特点，对企业产排污情况进行分析、梳理，有针对性地对企业相关人员进行培训；

（2）环保法规政策与标准培训；

（3）公司环保制度培训。

4. 环境监测

协助企业开展以下工作：

（1）环保监测计划编制；

（2）对企业例行环境监测报告进行解读及校核；

（3）协助企业掌握和了解自动在线监控运行情况。

5. 环保应急

协助企业开展以下工作：

（1）做好环境信息公开工作，帮助企业审核环境信息公开项目、内容和相关数据资料；

（2）突发环境事件隐患排查工作；

（3）应急预案编制及备案工作；

（4）突发环境事件的应急处理。

6. 环保法律

协助企业开展以下工作：

（1）指导帮助企业聘请环保法律政策顾问，或直接委托相关环保管家公司法律顾问代理；

（2）指导帮助企业依法建立环保管理制度，并协同实施；

（3）协同企业处理违法事宜，协调解决法律责任问题；

（4）协同企业完成法律法规符合性防控（日常巡检、法规符合性对照）工作。

7. 清洁生产

协助企业开展以下工作：

（1）污染物治理/处置优化指导；

（2）绿色供应链构建咨询；

（3）最新清洁生产工艺方案咨询。

8. ISO14001 环境管理体系认证运行顾问

协助企业开展以下工作：

（1）指导、协助企业建立、完善 ISO14001 环境管理体系；

（2）协同企业组织 ISO14001 环境管理体系维护运行（协助企业建立、维护运行 ISO14001 管理体系）。

2.6.2 政府环保管家的服务内容

政府对于环保管家的需求相当程度上源于环保工作上的被动现状，基层环保部门存在人员专业水平不高、人力资源不足、装备落后等问题，这些都是导致基层环保工作难以开展的原因。在更为严格的环保形势下，环境保护要求精细化，环境监管措施严格化，环保执法检查常态化，政府尤其是基层环保监管工作捉襟见肘，顾此失彼，无法适应现阶段环境监管要求。

“环保管家”的介入，可充分发挥第三方机构的人员和技术优势，针对具体的环境问题提供定制化的解决方案，将管理部门从专业性较强的技术工作中解脱出来，最大程度弥补企业及园区环保管理上的短板。

在政策层面，随着各项环境标准的不断完善和提高、各类环保政策的陆续出台，“环保管家”可以围绕国家生态文明建设，为地方政府和企业梳理环境相关的政策、解读政策，最终贯彻实施。针对企业及园区遇到的具体环保问题，“环保管家”可以进行专业解答、释疑，同时通过定期组织专家讲座、开展技能培训等方式，促进企业及园区环境管理水平、污染防治水平及人员综合素质的全面提升。

在技术层面，“环保管家”依托第三方的技术优势，从环保部门关注的水、气、固废、生态等方面，对辖区内环境质量状况和污染情况开展有层次的普查及详查工作，为政府摸清“环境家底”。第三方服务模式在提高污染治理效率、降低污染治理成本、促进环保产业健康发展及推动环境质量改善方面正逐步体现优势。

在管理层面，通过“环保管家”的介入，可实现对园区各企业的常态化监督。当发生环境污染事件时，第三方技术服务单位可协助搜集日常监管材料，结合环保部门对事件的调查情况，由管理部门发布公正、客观、专业的事件调查材料，提高行政透明度，增强环境管理的公开、公正。第三方机构提供的“环保管家”服务可帮助政府明确企业及相关方的主体责任，政府部门可建立环保责任追究、环境污染损害赔偿制度，通过约谈、环境督察、环境诉讼、环境警察甚至环境法庭等多元化的方法，提高环境执法力度，最终加强政府部门间的协作，环境执法能力、环境管理能力得到提升和加强。常见的政府端“环保管家”服务内容有：

（1）环境审批服务；

（2）环境评估服务；

（3）环境管理体系建设服务；

（4）工程技术服务；

（5）巡查监督服务；

（6）污染治理设施运维、提效服务；

（7）环境风险源排查、应急服务；

（8）污染纠纷调解服务；

（9）环境信息化建设服务；

（10）绿色发展推进服务。

随着环保法律法规的完善，“环保管家”服务内容逐步趋于自动化、科学化、现代化。技术服务单位可协助政府开展以下工作：

（1）环境税的核算和核查；

（2）排污许可证的审查与核查；

（3）环境监察的排污过程分析；

（4）危险废物的规范化管理和合规处置；

（5）大气环境和水环境监测站的建设和运行；

（6）大气环境、水环境污染溯源追踪；

（7）大数据管理系统/平台的建设与运行等。

简单来说，“环保管家”测、管、治样样精通，高效专业提供一站式服务，是能够量身定制解决方案且精准对症全过程重点难点问题的长效机制。推行“环保管家”，顺应发展趋势，是推动园区环境管理制度创新和改革的重要举措，对改善环境质量具有重要意义。具体来看，环保管家涵盖了项目立项、选址、环评、监理、技术咨询、政策解读、决策指导以及风险管控等一系列内容。从企业个体出发，或者从工园区整体出发，“环保管家”都能发挥“专业人士”的作用。

2.6.3 “环保管家”典型服务内容技术

1. 工业污染源隐患现场排查

环保隐患排查是发现问题的过程，是“环保管家”工作的重要基础。排查工作可以从企业环保手续、三废治理设施及运行情况、环境监测监控系统、环境风险安全隐患等方面着手。

1）企业基本情况

（1）环评和建设项目验收

检查排污者的环评审批和验收手续是否齐全、有效，是否存在违法调整建设项目环评文件审批权限和审批部门等情况；是否越权审批尚未开工建设的项目；是否未批先建、边批边建，有无开发以采代探的项目；有无环境保护设施和措施落实不到位却擅自投产或运行的项目等。

（2）排污许可证

检查排污者是否申领排污许可证和及时办理变更手续；污染物排放标

准选择是否合理，有无最新的排放标准需要更新参照执行；自行监测管理落实情况和合规性；环境管理台账是否符合相关规范要求；执行报告上报频次和主要内容是否满足排污许可证要求；信息公开的方式、时间节点、公开内容与排污许可证的要求是否相符等。

（3）企业基本概况变更

关注生产状况（原辅料、产品、产量、生产工艺等）的变化，变动内容是否已补充完善相关手续；关注排放口规范性整改情况。其中，特别关注企业生产工艺和产污环节是否发生变动，是否涉及重金属等有毒有害物质排放、异味、环境噪声、放射性等，梳理企业相关数据清单。

关注企业项目和产品是否符合相关产业政策及规划情况（是否有国家明令淘汰或禁止的技术、工艺、落后设备和产品，是否符合园区规划环评要求等）。坚决关停国家明令淘汰的重污染工业企业，严格限制列入负面清单的工业项目。

（4）企业违法和被举报记录

检查排污者是否有被处罚记录以及处罚决定的执行和整改情况；检查企业信访投诉、处理结果、整改情况。

2）污染防治设施变更、运行情况

检查污染防治设施是否变更并申办相关手续；污染防治设施的处理效率、药剂添加、催化剂更换、吸附剂/活性炭更换、二次污染产生及控制（废气、废水、固废）等情况；设施运行维护情况；运行异常情况；污染事故发生和处理情况；雨污分离和混接情况；排放口是否符合规范化要求；排放口接管是否合规等。

3）污染物排放情况

检查自行监测的各排放口实际排放浓度范围、有效数据数量、非正常工况及特殊时段实际排放情况、超标排放情况、实际排放量与生产负荷之间的关系等。通过分析废水、废气、噪声监测数据，必要时开展采样、检测，评估企业排放合规性。

4）内部环境管理体系建设与运行情况

（1）检查企业环境管理制度现状，应对环保检查的环保措施、整改措施是否到位；

(2) 检查企业排污许可制的落实情况，相关法律制度环境责任的落实情况；

(3) 检查突发环境事件应急预案编制、备案、演练、评估、修订情况记录；应急预案是否到期，是否存在重大内容变动未及时修订；是否落实环境隐患排查制度并建立隐患排查档案。

5) 污水排放合规性检查

(1) 排放口设施、标志标识的合规性；

(2) 废水污染治理现状及运行情况；

(3) 治理措施是否属于可行技术，合理合规性分析；

(4) 总排口和车间排口废水污染物排放浓度达标情况（正常工况和非正常工况）；

(5) 自动监测数据、执法监测数据及手工自行监测数据比对和判断；

(6) 总排口和车间排口实际排放量总量达标情况（正常工况和非正常工况）。

6) 废气排放合规性检查

(1) 排污单位排污口位置和数量、排放口标志标识、排放方式、排放去向、排放污染物种类、排放限值是否符合许可证规定；

(2) 废气污染治理现状及运行情况；

(3) 治理措施是否属于可行技术，合理合规性分析；

(4) 各排放口污染物排放浓度达标情况（正常工况和非正常工况）；

(5) 自动监测数据、执法监测数据及手工自行监测数据比对和判断；

(6) 各排放口实际排放量总量达标情况（正常工况和非正常工况）；

(7) 生产准备工序、备料工序、生产工艺过程中无组织烟粉尘的管控措施及有效性；

(8) 生产准备工序、备料工序、生产工艺过程中 VOCs、酸雾、碱雾、恶臭等无组织排放物的收集、防泄漏、净化处置措施及有效性。

7) 固体废物与危险废物规范化管理合规性检查

(1) 固体废物与危废来源（种类、产生点、属性、产生量、收集量、处置利用量、贮存量、贮存时期）；

（2）固体废物与危废的贮存和处理利用情况（贮存设施类型、合规性利用设施类型）；

（3）固体废物与危废管理（污染防治责任制度、标识制度管理计划及备案制度、申报登记制度、源头分类制度、转移联单制度、经营许可制度、应急预案及备案制度落实情况及管理台账）；

（4）固体废物与危废转移（危险废物转移计划的报批合规、危险废物转移联单管理合规、运输资质合规、转移手续及联单台账清楚）；

（5）固体废物与危废的台账；

（6）危废的应急管理（预案的编、报备、改是否合规，应急物资储备报告、应急培训和演练、应急救援方案是否落实）。

8）噪声污染源合规性检查

是否按照环评文件或环评批复要求设置污染治理设施；噪声是否达标；是否存在噪声扰民投诉。

以上内容属于普适的工业企业环境排查要点，具体工作中的排查规范标准不限于此，需要参照服务地区、特定行业要求，灵活完善排查要点和服务方案。以江苏省为例，省内针对化工园区环境管理有诸多专项指导文件，对企业的三废治理设施、污染物排放、原辅料贮存运输、生产工艺等有相对明确的评价体系，包括《关于进一步加强化工园区水污染治理的通知》（苏环办〔2017〕383 号）、《省政府办公厅关于江苏省化工园区（集中区）环境治理工程的实施意见》（苏政办发〔2019〕15 号）、《江苏省化工产业安全环保整治提升方案》（苏办〔2019〕96 号）、《江苏省化工园区（集中区）认定办法》（苏化治〔2019〕5 号）、《江苏省化工园区（集中区）认定评分标准》（苏化治办〔2020〕11 号）、《省政府关于加强全省化工园区化工集中区规范化管理的通知》（苏政发〔2020〕94 号）、《江苏省重点化工企业全流程自动化控制改造验收规范（试行）》（苏应急〔2021〕48 号）等。对照上述政策文件，需要从区内产业布局、产业结构、园区环保基础设施建设情况，污染物监测监控能力，污染物、挥发性有机物收集处置能力，清洁能源代替，风险管理等多个角度分析协调性。

2. 环保培训

环保教育培训工作对于工业园区、生态环境管理部门、企业都是十分必要的。对于企业，无论是立身于行业宏观环境还是解决企业自身发展问题，都需要高素质的员工队伍。通过培训了解环保方针、政策、产业发展情况，了解最新的环境法律法规、环境标准、环境技术规范的要求和发展，可以增强企业员工的环境保护和法律意识，提升员工对企业的责任感，规范自身工作行为，减少环境违法的风险。加强环保宣传和教育培训，可以有效减少突发环境污染事故的发生，预防和控制潜在的事故或紧急情况的发生，做好事故应急准备，使得员工应对紧急情况和突发事件时能及时有效地采取应急控制，正确有效地实施响应，最大限度地预防和减少可能造成的财产、人员损失。

此外，环境管理培训可以提高各级环保干部和职工对于环境保护管理制度（法律制度）、单位企业内部环境管理制度、岗位责任制度的认知，树立“规矩意识”，规范各级环保部门和环保岗位的工作流程，提高工作效率。

第三方环保管家服务协议里的“开展环保培训宣传”，主要依托机构背后的技术团队，或者另行委托相关领域专业的技术专家或高校研究院所教授。培训的内容一般在合同内容里不会限定，依据服务对象的实际要求而定。

1）第一类环保培训内容

培训内容涉及环境法律法规、环境政策、生态文明建设理念、绿色发展理念、环保任务、环境责任、环境风险等方面，例如：

（1）生态文明建设、环保理念转换和环保体制改革；

（2）《中华人民共和国环境保护法》的修订与环境管理制度改革；

（3）《中华人民共和国大气污染防治法》的修订与“大气十条”的实施；

（4）《中华人民共和国水法》的修正与“水十条”的实施；

（5）《中华人民共和国固体废物污染环境防治法》的修正与《危险废物名录》的公布；

（6）《中华人民共和国土壤污染防治法》的颁布与“土十条”的实施；

（7）《中华人民共和国环境影响评价法》的修正与环评体制改革；

(8)《中华人民共和国环境保护税法》的颁布与税费制度改革；

(9) 生态文明建设体制改革；

(10) 污染防治攻坚战的任务与目标；

(11) 环境督查的重点与要点；

(12) 新形势下各方面的环境责任；

(13)《中华人民共和国环境保护法》后四个配套文件解读；

(14) 企业环境刑事责任及两高三部会议纪要解读；

(15) 生态环境保护大会后地方政府的环境履职要求；

(16) 新农村生态环境建设。

2) 第二类环保培训内容

培训内容为环境管理，例如：

(1) 第三方服务产业中的测试、监理、评估、认证四个方面的培训；

(2) 企业排污许可证证后管理培训；

(3) 在线监测设施运行与管理技术培训；

(4) 清洁生产技术培训；

(5) 环境影响评价与建设项目验收培训；

(6) 企业清洁生产审核与评价培训；

(7) 企业环境管理培训；

(8) 开发区规范化环境管理培训；

(9) 工业行业排污许可证申请核发技术培训；

(10) 企业环境管理体系培训；

(11) 环境工程师培训班；

(12) 环境工程监理培训班；

(13)“三线一单”编制培训班；

(14) 绿色企业与绿色园区创建培训班。

3) 第三类环保培训内容

(1) 废水治理技术培训；

(2) 环境标准与技术规范培训；

(3) 环境监测技术培训；

(4) 危险废物规范化管理和处理处置技术培训；

(5) 固体废物处置利用技术培训；

(6) 废水治理技术培训；

(7) VOCs 处置核算技术培训；

(8) 环境风险与环境应急培训；

(9) 环境执法技术培训；

(10) 企业污染隐患排查技术培训；

(11) 污染治理可行技术规范解读培训；

(12) 最新污染治理技术与可行技术分析培训；

(13) 污染源污染核算技术培训；

(14) 土壤检测与修复培训；

(15) 生态修复培训。

3. 排污许可证管理和技术审核

排污许可证制度，是指环境保护主管部门依排污单位的申请和承诺，通过发放排污许可证，规范和限制排污单位排污行为并明确环境管理要求，同时依据排污许可证对排污单位实施监管执法的环境管理制度。《中华人民共和国环境保护法》第四十五条规定：国家依照法律规定实行排污许可管理制度。实行排污许可管理的企业事业单位和其他生产经营者应当按照排污许可证的要求排放污染物；未取得排污许可证的，不得排放污染物。

正如前文我们在介绍国外第三方环保服务案例时提及的，排污许可证制度是一项源于发达国家的环境管理制度，目前不少国家都实施了排污许可证制度。发达国家各国的排污许可证制度是在完备的法律框架基础上搭建的一套完整的排污许可体系。我国从 20 世纪 80 年代开始探索实行排污许可证制度（表 2.6.1），排污许可证制度也在实践过程中，随着配套制度的完善逐渐成熟起来，许可制度由单一的浓度控制转向浓度控制与总量控制两者并存，构建了较为健全的排污许可法规和技术体系。

表 2.6.1　排污许可证相关法规、行政规章的发布（修正、修订）

法规、行政规章	时间
《上海市黄浦江上游水源保护条例》	1985 年
《水污染物排放许可证暂行管理办法》	1988 年（已废止）
《中华人民共和国水污染防治法细则》	1989 年（已废止）
《天津市环境保护条例》	1994 年
《上海市环境保护条例》	1994 年
《淮河流域水污染防治暂行条例》	1995 年
《中华人民共和国水污染防治法》	1996 年第一次修正
《珠海市环境保护条例》	1998 年
《中华人民共和国海洋环境保护法》	1999 年修订
《中华人民共和国水污染防治法实施细则》	2000 年
《中华人民共和国大气污染防治法》	2000 年第一次修订
《广州市大气污染防治规定》	2005 年（已废止）
《河北省环境保护条例》	2005 年
《邯郸市主城区大气污染防治管理办法》	2005 年
《大连市排污许可证暂行管理办法》	2006 年
《兰州市实施大气污染防治法办法》	2006 年修订
《宁波市环境污染防治规定》	2007 年
《河北省排放污染物许可证管理办法（试行）》	2007 年
《陕西省排放污染物许可证管理制度》	2007 年
《重庆市环境保护条例》	2007 年第一次修订
《中华人民共和国水污染防治法》	2008 年修订
《排污许可证管理条例》（征求意见稿）	2008 年
《广东省排污许可证实施细则》	2009 年
《浙江省排污许可证管理暂行办法》	2010 年
《中华人民共和国环境保护法》	2014 年
《辽宁省排污许可证管理暂行办法》	2015 年
《控制污染物排放许可制实施方案》	2016 年
《固定污染源排污许可分类管理名录（2017 年版）》	2017 年
《排污许可管理办法（试行）》	2018 年
《固定污染源排污许可分类管理名录（2019 年版）》	2019 年
《排污许可管理条例》	2021 年
《排污许可管理办法》（修订征求意见稿）	2023 年

排污许可证制度和环境影响评价制度是我国污染源管理的两大核心制度，随着环评持续深化“放管服”改革，这两大制度的比重发生了变动，排污许可证制度成为固定污染源环境管理核心制度的趋势愈发明显。而现阶段，深化排污许可证制度改革仍面临与固定污染源环境管理手段衔接不到位、实施能力尚未得以充分保障、法律体系不完善等挑战。

以排污许可证制度与固定污染源环境管理手段衔接问题为例，其挑战主要源于两大管理制度，其一是环境影响评价制度，其二则是“三同时”环境管理制度。

现行环境影响评价制度与排污许可证制度衔接不充分，首先表现为技术规范要求不一致。现行环境影响评价技术导则与排污许可证申请核发技术规范在编制格式、污染源强及数据核算方面存在差异。企业如果对照环评、环评批复进行排污许可申报，存在一定技术门槛。其次，两种制度在具体衔接上缺乏顶层指导。我国的环境影响评价制度发展已超过 30 年，由于不同经济时期环保要求的差异以及编制技术规范的变更，早期的环评文件内容在深度和广度上与现今的环评均有较大差异。部分企业的环评办理时间过早，导致存在生产工艺落后的问题，甚至存在国家或地方政府明确淘汰的某些工艺或产品仍被企业在不知情的情况下使用。2016 年原环境保护部发布《关于进一步做好环保违法违规建设项目清理工作的通知》（环办环监〔2016〕46 号），早期有相当数量的未批先建、批建不符的环保违规建设项目在此次整改中通过在环保主管部门进行环境影响评价备案完善了环保手续。如何把不同时期下的环评文件与排污许可证相衔接在实际操作中存在技术难度。

此外，在项目实施建设过程中，必需遵循我国特有的“三同时”环境管理制度，即“建设项目中防治污染的设施，应当与主体工程同时设计、同时施工、同时投产使用。防治污染的设施应当符合经批准的环境影响评价文件的要求，不得擅自拆除或者闲置。”但实际建设过程中，因为建设主体主观或者客观的原因，往往存在项目内容变动。根据《关于做好环境影响评价制度与排污许可制衔接相关工作的通知》（环办环评〔2017〕84 号）、《关于印发〈污染影响类建设项目重大变动清单（试行）〉的通知》（环办环评函〔2020〕688 号）等文件要求，变动内容需对照重大变动清单标准分类判断，涉及重大变动的需要重新报批环境影响评价，若不属于重大变动，则需要编制《建设项目一般变动影响分析报告》，将变动情况纳入验收，而排污许可证需要同步进行更新。

排污许可证是一种动态反映工业企业污染源产生排放、污染源防治设施的制度，无论是建设或在产过程中，如涉及排污许可证内容与实际不符，均需要及时完成变更或重新申领（图 2.6.1）。除去上述政策上的衔接问题，

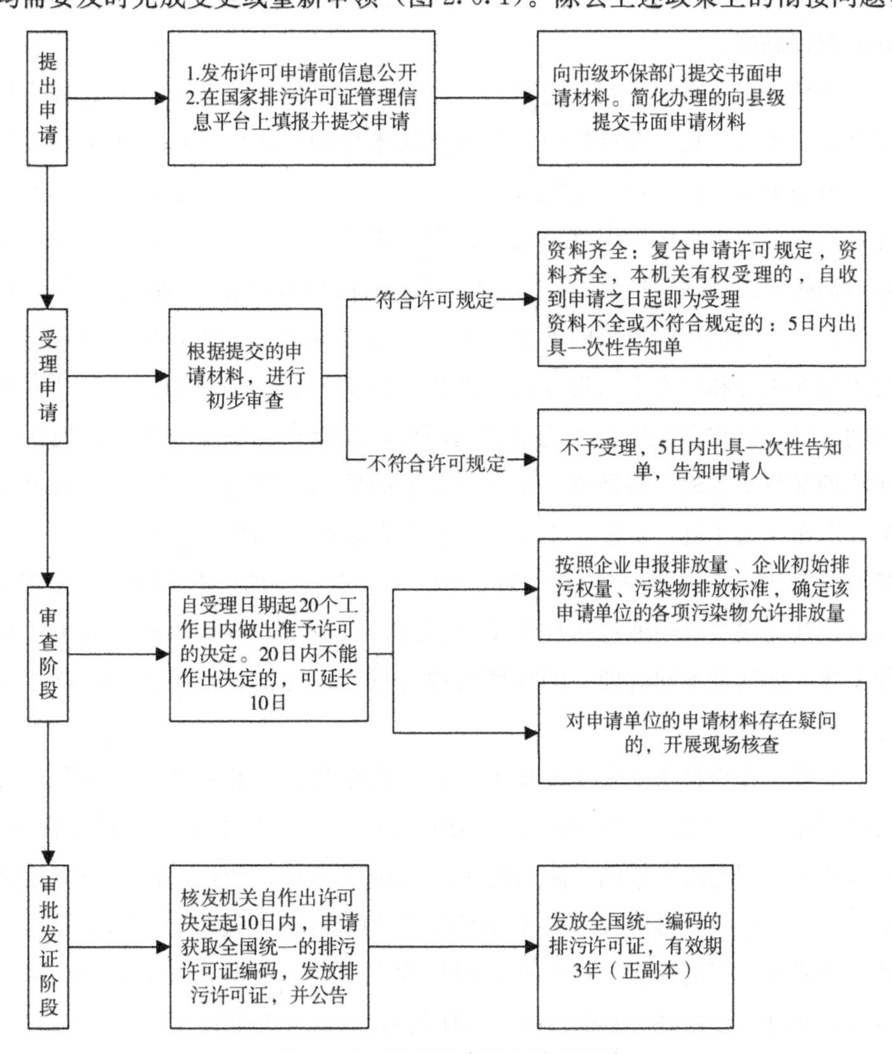

图 2.6.1　排污许可证申请流程图

根据《排污许可管理办法（试行）》的要求，排污许可证副本中记载有企业的主要生产设施、原辅材料、产污环节、排放口、许可排放量和监测要求，登记内容具体到每台生产设施，许可内容细化到每个排放口，要求企业自行监测，编制环境管理台账和执行报告，并进行信息公开。无论是从不具备专业知识的生产型企业人员的角度看，还是从专业人员的角度看，如此多的事项是较为繁琐的。

在排污许可证申领后，为了实现按证排污、合理监管，企业还需要落实《排污许可管理办法（试行）》中提到的“企业承诺”“自行监测”“台账记录”“执行报告”和“信息公开”5 项制度。生产型企业通常缺少环境领域的专业性人才，专业知识储备很难匹配这种自主式环境管理的需求。而“环保管家”有明显的优势：较为全面的环境知识储备，不仅能让企业在环保方面做到合法合规，而且能使其顺应制度的发展，真正实现自主达标。

由此可见，排污许可证前期的申领、后期的变更或者重新申请，都需要一定的技术门槛和环保规划意识。“环保管家”能很好地弥补工业企业在这方面的技术能力短板。“环保管家”可根据企业实际运行和环评批复情况，进行全厂污染源核查，为企业提供排污许可证申办、变更、延期；对主要原辅料、主要产污设备、废水治理设备、废气治理设备、污染物排放及监测等基本信息进行梳理核实；协助企业与第三方检测机构制定合理的监测方案，确定监测指标、监测频次等；编制排污许可证月度、半年度、年度执行报告，以及环境管理台账等。“环保管家”在排污许可证上的“介入”有助于改变以往“以满足环评、验收要求等为抓手”的服务模式，从达标排放和合规运行的角度全过程实施环境服务，摸清并督促企业解决存在的环保问题，提前做好环保规划，为排污许可证制度的落实做好充分的准备。

“环保管家”为政府提供排污许可证服务，主要有两种服务模式——服务于企业排污许可申领前和申领后。

1）服务于申领前

服务于申请前，即“环保管家”为环保主管部门排污许可证审核提供技术支持。通过材料查阅、现场踏勘相结合的方式，“环保管家”可对企业提交的排污许可证申请与企业现场及环评报告进行核查，发现排污许可证填报不当或不符的情况，指导企业按要求进行修改；现场踏勘的同时对企业开展“体检”，结合排污许可证填报要点现身说法，提出整改建议，消除企业的环保隐患。

项目建设地点如位于法律法规禁止建设的区域内（饮用水水源保护区、自然保护区、风景名胜区等），或项目方案属于产业政策淘汰的落后生产工艺装备、落后产品的，首先不予发证。

技术审核过程需要关注申报材料的完整性和规范性。①完整性。申报材料包括排污许可申请表、法人签字承诺书、环评批复/清理整顿备案文件、排污口规范化设置证明、自行监测方案、工艺流程图、平面布置图等；②规范性。全：必填内容完整；对：前后逻辑关系，排污口、污染因子自行监测内容无误；准：许可事项准确。

核发环保部门应当根据国家和地方污染物排放标准，确定排污单位排放口或者无组织排放源相应污染物的许可排放浓度。排污单位承诺执行更加严格的排放浓度的，应当在排污许可证副本中规定。

按照行业计算规范确定核算方法，依法分解落实到相关单位的重点污染物排放总量控制指标，从严确定许可排放量。2015 年 1 月 1 日及以后取得环境影响评价审批意见的排污单位，还应考虑到环境影响评价文件和审批意见要求确定的许可排放量。

常用排污标准列举如下：

（1）《制浆造纸工业水污染物排放标准》（GB 3544—2008）；

（2）《纺织染整工业水污染物排放标准》（GB 4287—2012 代替 GB 4287—1992）；

（3）《纺织染整工业水污染物排放标准》2015 修改单（GB 4287—2012 代替 GB 4287—1992）；

（4）《污水综合排放标准》（GB 8978—1996）；

（5）《工业炉窑大气污染物排放标准》（GB 9078—1996）；

（6）《火电厂大气污染物排放标准》（GB 13223—2011）；

(7)《锅炉大气污染物排放标准》(GB 13271—2014);

(8)《恶臭污染物排放标准》(GB 14554—93);

(9)《磷肥工业水污染物排放标准》(GB 15580 — 2011);

(10)《大气污染物综合排放标准》(GB 16297—1996);

(11)《城镇污水处理厂污染物排放标准》(GB 18918—2002);

(12)《城镇污水处理厂污染物排放标准》(GB 18918—2002) 修改单;

(13)《杂环类农药工业水污染物排放标准》(GB 21523—2008);

(14)《电镀污染物排放标准》(GB 21900—2008);

(15)《合成革与人造革工业污染物排放标准》(GB 21902—2008);

(16)《发酵类制药工业水污染物排放标准》(GB 21903 — 2008);

(17)《化学合成类制药工业水污染物排放标准》(GB 21904— 2008);

(18)《提取类制药工业水污染物排放标准》(GB 21905—2008);

(19)《中药类制药工业水污染物排放标准》(GB 21906 — 2008);

(20)《生物工程类制药工业水污染物排放标准》(GB 21907—2008);

(21)《混装制剂类制药工业水污染物排放标准》(GB 21908—2008);

(22)《油墨工业水污染物排放标准》(GB 25463—2010);

(23)《制革及毛皮加工工业水污染物排放标准》(GB 30486—2013);

(24)《石油化学工业污染物排放标准》(GB 31571—2015);

(25)《合成树脂工业污染物排放标准》(GB 31572—2015);

(26)《无机化学工业污染物排放标准》(GB 31573—2015);

(27)《挥发性有机物无组织排放控制标准》(GB 37822—2019);

(28)《制药工业大气污染物排放标准》(GB 37823 —2019)。

排污许可证行业申请和核发规范主要有:

(1)《排污许可证申请与核发技术规范 电镀工业》(HJ 855—2017);

(2)《排污许可证申请与核发技术规范 纺织印染工业》(HJ 861—2017);

(3)《排污许可证申请与核发技术规范 工业炉窑》(HJ 1121—2020);

(4)《排污许可证申请与核发技术规范 锅炉》(HJ 953—2018);

(5)《排污许可证申请与核发技术规范 化肥工业-氮肥》(HJ 864.1—2017);

（6）《排污许可证申请与核发技术规范 化学纤维制造业》（HJ 1102—2020）；

（7）《排污许可证申请与核发技术规范 磷肥、钾肥、复混肥料、有机肥料及微生物肥料工业》（HJ 864.2—2018）；

（8）《排污许可证申请与核发技术规范 农药制造工业》（HJ 862—2017）；

（9）《排污许可证申请与核发技术规范 日用化学产品制造工业》（HJ 1104—2020）；

（10）《排污许可证申请与核发技术规范 石化工业》（HJ 853—2017）；

（11）《排污许可证申请与核发技术规范 水处理（试行）》（HJ 978—2018）；

（12）《排污许可证申请与核发技术规范 水处理通用工序》（HJ 1120 —2020）；

（13）《排污许可证申请与核发技术规范 涂料、油墨、颜料及类似产品制造业》（HJ 1116—2020）；

（14）《排污许可证申请与核发技术规范 无机化学工业》（HJ 1035—2019）；

（15）《排污许可证申请与核发技术规范 制革及毛皮加工工业—制革工业》（HJ 859.1—2017）；

（16）《排污许可证申请与核发技术规范 制药工业-化学药品制剂制造》（HJ 1063—2019）；

（17）《排污许可证申请与核发技术规范 制药工业-生物药品制品制造》（HJ 1062—2019）；

（18）《排污许可证申请与核发技术规范 制药工业-原料药制造》（HJ 858.1—2017）；

（19）《排污许可证申请与核发技术规范 制药工业-中成药生产》（HJ 1064—2019）；

（20）《排污许可证申请与核发技术规范 专用化学产品制造工业》（HJ 1103—2020）；

（21）《排污许可证申请与核发技术规范 总则》（HJ 942—2018）。

2）服务于申领后

服务于申领后，即“环保管家”排查工业园区企业排污许可证申办和按证排污情况，督促排污单位落实台账记录和执行报告制度，并提出审核意见，作为环境保护主管部门监督检查的依据。

服务要点主要包括下面四项工作：①自行监测。根据《排污许可证管理暂行规定》，排污单位应按排污许可证规定的监测点位、监测因子、监测频次和相关监测技术规范开展自行监测并公开。关于如何开展自行监测，生态环境部发布了《排污单位自行监测技术指南　总则》（HJ 819—2017），并且制定了不同行业的自行监测技术指南，排污单位可以根据所属行业，对照相应的规范，开展自行监测工作。②环境管理台账。环境管理台账是指排污单位根据排污许可证的规定，对自行监测、落实各项环境管理要求等行为的具体记录，包括电子台账和纸质台账两种。排污单位应建立环境管理台账记录制度，落实责任单位和责任人，明确工作职责，并对环境管理台账的真实性、完整性和规范性负责。一般按日或按批次进行记录，异常情况应按次记录。记录内容包括基本信息、生产设施运行管理信息、污染防治设施运行管理信息、监测记录信息及环境管理信息等。③排污许可证执行报告。排污单位根据排污许可证和相关规范的规定，对自行监测、污染物排放、落实各项环境管理要求等行为作定期报告，包括电子报告和纸质报告两种。按报告周期可分为年度执行报告、季度执行报告、月度执行报告。④信息公开。对于实行重点管理的排污单位而言，在提交排污许可申请材料前，应将承诺书、基本信息以及拟申请的许可事项向社会公开，应选择在如全国排污许可证管理信息平台等便于公众知晓的平台公开，公开时间不少于五个工作日。

3

环保管家发展成果

3.1 服务类标准和能力认证

3.1.1 服务类标准

在政策加持和官方的引导下，各类环保服务企业纷纷以传统的环境影响评价、工程设计等业务为跳板，转型并推广“环保管家”管理服务模式。同时为指引环保管家工作的开展，上海、浙江、江苏、山东、安徽、广州等省市纷纷出台了“环保管家”地方标准或团体标准。截至2023年5月，正式发布的主要环保管家服务标准或规范，共有16个，其中4项为地方标准，其他均为团体标准。

需要注意的是，地方标准属于政府主导制定的推荐性标准，侧重于保基本。团体标准是按照团体确立的标准、指定程序自主制定发布的，往往在团体内部约定执行，不具有强制执行效力，适合从事“环保管家”服务的技术人员、企业环境管理人员以及园区主管部门工作人员学习参考。

全国首部关于第三方环保综合服务的地方标准，是上海市市场监督管理局于2019年8月批准发布的《第三方环保服务规范》（DB31/T 1179—2019）。该标准对为产业园区提供第三方环保服务的服务单位基本要求、服务内容与要求、服务委托要求、服务绩效评价等内容做出了规定。附录内也是首次结合“第三方环保服务”的工作内容提供了诸如企业环保问题整改反馈单、企业环保状况调查报告提纲、园区环境管理制度提纲、园区年度环境报告书提纲、第三方环保服务合同及绩效评价方法等参考内容，为“第三方环保服务”的实际开展提供支持。尽管该标准在名称上的规范对象仍为“第三方”，但根据其对“第三方”的释义——“向产业园区等对象提供专业化、定制化环保服务的第三方服务单位”以及具体的标准内容，本质上已属于“环保管家”范畴。

2020年8月14日，浙江省环保产业协会批准发布《环保管家服务规范》（T/ZAEPI 01—2020）。该标准规定了环保管家的基本要求、工作程序、服务内容、服务保障、服务成果等。该标准将环保管家服务内容分为三类：

企业环保管家服务、园区环保管家服务和政府环保管家服务，并明确了不同环保管家服务对应的详细服务项目。

安徽省环境检测行业协会于2020年8月立项了《环保管家人员技能管理规范》《环保管家从业人员培训与能力评价》2项团体标准，同年12月批准发布《工业园区环保管家服务规范》（T/AHEMA 3—2020）。前两者从技能水平、专业能力上对环保管家从业人员提出了考核要求，后者规定了第三方专业环保服务单位向工业园区管理部门提供环保管家服务的基本要求、工作程序、服务内容、服务保障、服务成果等，是首个明确针对工业园区环保管家的团体标准。工业园区的范围需符合GB/T 31088—2014的规定。

2020年12月，安徽省环境保护产业发展促进会发布《第三方环保管家服务规范》（T/AHEPI 01—2020）。该标准规范了第三方环保管家技术服务的术语和定义，涵盖企事业单位环保管家服务、园区（包括各工业园区、开发区、工业聚集地等）环保管家服务，以及生态环境主管部门的环保管家服务和档案管理等内容。

山东省环境保护产业协会同样于2020年12月批准发布了本省的首个环保管家第三方团体标准——《山东省环保管家服务规范》（T/SDEPI 010—2020）。该标准进一步完善环保管家工作相关内容，较为具体地引入了企业调查/排查报告、绩效评估考核体系和服务酬金计取方式等内容。

天津市环保产品促进会于2021年3月发布《环保管家服务规范》（T/APEP 1013—2021）。该标准规定了为政府部门、园区及企业单位提供综合性环境服务的基本要求、工作程序、服务内容、服务保障、服务成果等内容，适用于环保管家服务单位向各级政府部门、园区及企业单位提供综合性服务的相关活动，标准的主要内容仍然侧重于企业端的调查和环境管理。

2021年10月，重庆市生态环境监测协会批准发布《重庆市第三方环保服务规范》（T/CQEEMA 4—2021）。该标准规定了为政府部门、工业园区和企业提供第三方环保服务的基本要求、服务流程、服务内容和服务成果，针对第三方环保服务的绩效评价、薪酬计算和机构的能力评价提出了较为完善的评价体系和方法，为规范和指导区域第三方环保服务发展提供了一定的具体依据。

2021 年 11 月，河南省环境保护产业协会批准发布《第三方生态环境管家服务规范》（T/HAEPI 01—2021）。该标准规范了第三方生态环境管家技术服务的术语和定义，内容包括为各级政府部门、园区（包括各工业园区、开发区、产业聚集地等）及企事业单位提供第三方生态环境管家服务的服务性质及原则、服务流程、基本要求、服务内容、绩效评价、委托要求等，在附录中提供了第三方服务费用计取方法、质量考核指标、服务合同等实用性参考样式。

2022 年 2 月 25 日，内蒙古绿色生态产业促进会批准发布《内蒙古自治区第三方环保管家服务规范》（T/NMGLCH 001—2022）。该标准规定了第三方环保管家服务单位的基本要求、服务流程、服务内容、绩效评价等事项，适用于向政府生态环境部门、各园区、各企业提供类似服务的第三方环保管家服务单位。

2022 年 3 月，江苏省环境科学学会平台发布江苏省首个生态环境事务相关团体标准——《生态环境事务咨询服务规范》（T/JSSES 19—2022）。该标准规定了开展生态环境事务咨询服务单位的基本要求、服务方式与流程、服务内容及要求、服务成果、档案管理、服务评价等。

《第三方环保管家服务规范》（DB34/T 4231—2022）由安徽省生态环境厅提出并归口，由安徽省市场监督管理局于 2022 年 6 月发布。该标准是自 2019 年上海市市场监督管理局发布的《第三方环保服务规范》（DB31/T 1179—2019）之后，第二个“环保管家”服务相关地方标准。该规范规定了为产业园区提供第三方环保管家服务的单位基本要求、工作程序、服务内容、服务委托要求、服务绩效评价等事项，相较于安徽省原有的两项环保管家服务规范团体标准，在内容上更为翔实。

广东省首个环保管家服务标准——《广东省环保管家服务规范》（T/GDAEPI 07—2022）于 2022 年 7 月由广东省环境保护产业协会发布。该标准规定了向政府部门、园区和企业提供环保管家服务的基本要求、服务模式、服务流程、服务内容、服务成果和合同要求。该标准侧重于引导政府部门、园区、企业聘请环保管家，结合广东省在信息化、智能化方面发展的特色，引入了环境信息化管理的内容，同时响应了国家的“双碳政策”，首次在标准中提出“碳中和”“碳达峰”要求。

山西省首个环保管家服务规范团体标准——《环境咨询（环保管家）服务规范》(T/SXAEPI 8—2022）由山西省环境保护产业协会于2022年8月发布。该标准参考了上海、山东、重庆、河南、内蒙古等地相关文件规范，在内容上规定了环境咨询（环保管家）服务的基本要求、服务流程、服务内容、服务保障、服务成果、考核评价和服务酬金计取方法等。

2022年12月，辽宁省环境保护产业协会发布《辽宁省环保管家服务规范》(T/LNEPIA 7—2022)，规定了以工业园区、企业、政府部门等为服务对象，从事环保管家服务的服务单位应具备的基本要求、工作程序、服务内容、服务保障、服务成果及档案管理等事项。

《工业园区环保管家服务指南》（DB3502/T 099—2023）为全国第三个环保管家服务地方标准，由厦门市市场监督管理局于2023年1月发布，由厦门市生态环境局归口。该标准规范了为工业园区提供环保管家服务的服务团队、服务流程、服务内容、服务绩效评价、服务成果等事项。

2023年5月，湖北省生态环境厅与湖北省市场监督管理局联合发布《湖北省环保管家服务规程》（DB42/T 2009—2023），该标准是上述文件中首个由环保主管部门发布的环保管家地方标准，内容上规定了对环保管家服务单位的要求，以及工作程序、服务内容、工作制度和绩效评估体系。

随着上述省份、地区环保管家服务类标准的发布，陆续有其他省份、地区正在开展或准备着手起草环保管家第三方服务团体标准或地方标准，用于指导和规范当地环保管家工作。此类服务规范标准的发布是完善环保管家实施体系的必经之路，有利于改善环保管家行业内技术人员服务能力良莠不齐、低价竞争的市场乱象，助力各地树立环保管家典型，引导第三方服务机构不断开拓创新，共同推动环保服务业高质量发展，为工业园区、企业的污染防治工作做好服务支撑。

从上述标准来看，除去有个别标准在服务对象上进行了限定，目前已发布的环保管家类服务标准的内容在主体框架上基本一致（表 3.1.1）。首先是针对环保管家相关技术的术语、定义的解释，有利于从业者、社会公众认识和理解此类第三方环保服务工作。其次，标准包含了服务团队、服务流程/工作方案、服务成果、服务内容等基本要素。随着环保管家服务的发展，后续的团体标准或地方标准，在服务绩效评价及服务酬金计取方法上都进行了完善。

在服务内容上，常见的环保管家及第三方环境服务的服务内容包括园区生态环境问题排查，园区环境质量管控、监测及环境质量报告编制，环境档案管理规范性排查，环保培训，企业环保手续及环境管理合规性排查，生产状况、污染防治设施建设及运行情况排查，企业重点环境问题整治提升，环境应急体系、环境风险排查及管控等。差异化方面，各省份地区在具体的服务内容方面体现出不同的深度；同时，结合各自环保服务市场的需求情况以及现行环保管理的要求，抓住环保热点和风向，补充了“碳中和”“碳达峰”“绿色生态园区创建”“清洁生产”“关停地块土壤调查”“园区信息化平台建设”等全新内容。此外，部分标准附录中补充了企业环保排查报告大纲、服务合同、服务绩效考核指标、“一企一档”资料清单等内容，大大提高了此类标准对环保管家具体工作的实用性和参考性。

各地区环保管家规范标准的“大同小异”，在一定程度上表明环保管家的第三方环保服务已在实践探索中形成一套较为成熟且便于开展的工作模式，环保管家业务模式成熟度已经很高。同时，各地区的规范标准使得环保从业者能够立足国家生态文明建设战略部署，结合地区环保市场的需求、现状，把握当下服务要点、亮点，不断完善服务内容，开拓创新。但不难发现，规范标准“大同小异”的背后是环保管家市场面临的“同质化现象严重，机构专业化不足”的技术危机。如何在特定领域内做出差异化，保持服务核心竞争力是每位从业者必须要面对的考验。

表 3.1.1 环保管家服务类标准

序号	发布时间	发布单位	文件名称	标准类型	说明
1	2019 年 8 月	上海市市场监督管理局	《第三方环保服务规范》(DB31/T 1179—2019)	上海市地方标准	全国首部关于第三方环保综合服务的地方标准
2	2020 年 8 月	浙江省环保产业协会	《环保管家服务规范》(T/ZAEPI 01—2020)	团体标准	规定了环保管家的基本要求、工作程序、服务内容、服务保障、服务成果，从企业、园区、政府服务对象的角度提出环保管家服务内容
3	2020 年 12 月	安徽省环境检测行业协会	《工业园区环保管家服务规范》(T/AHEMA 3—2020)	团体标准	全国首个明确针对工业园区的环保管家服务规范标准
4	2020 年 12 月	安徽省环境保护产业发展促进会	《第三方环保管家服务规范》(T/AHEPI 01—2020)	团体标准	规范了第三方环保管家技术服务的术语和定义、基本要求、企事业单位环保管家服务、园区环保管家服务、生态环境主管部门环保管家服务及档案管理等内容
5	2020 年 12 月	山东省环境保护产业协会	《山东省环保管家服务规范》(T/SDEPI 010—2020)	团体标准	包含了较为具体的绩效评价及服务酬金计取方法等内容
6	2021 年 3 月	天津市环保产品促进会	《环保管家服务规范》(T/APEP 1013—2021)	团体标准	规定了为政府部门、园区及企业单位提供综合性环境服务的基本要求、工作程序、服务内容、服务保障、服务成果等内容
7	2021 年 10 月	重庆市生态环境监测协会	《重庆市第三方环保服务规范》(T/CQEEMA 4—2021)	团体标准	包含了较为完善的第三方环保服务绩效评价、环保服务酬金计取方法、第三方环保服务机构能力评定方法等内容
8	2021 年 11 月	河南省环境保护产业协会	《第三方生态环境管家服务规范》(T/HAEPI 01—2021)	团体标准	规范了第三方生态环境管家技术服务的术语和定义，内容包括为各级政府部门、园区及企事业单位提供第三方生态环境管家服务的服务性质及原则、服务流程、基本要求、服务内容、绩效评价、委托要求等

续表

序号	发布时间	发布单位	文件名称	标准类型	说明
9	2022年2月	内蒙古绿色生态产业促进会	《内蒙古自治区第三方环保管家服务规范》（T/NMGLCH 001—2022）	团体标准	规定了第三方环保管家服务单位的基本要求、服务流程、服务内容、绩效评价等事项
10	2022年3月	江苏省环境科学学会	《生态环境事务咨询服务规范》（T/JSSES 19—2022）	团体标准	规定了开展生态环境事务咨询服务单位的基本要求、服务方式与流程、服务内容及要求、服务成果、档案管理、服务评价，填补了江苏省在生态环境事务一体化服务领域标准的空白
11	2022年6月	安徽省市场监督管理局	《第三方环保管家服务规范》（DB34/T 4231—2022）	安徽省地方标准	自上海市《第三方环保服务规范》（DB31/T 1179—2019）以来第二个地方服务标准，内容上较本省原有的两项环保管家服务团体标准更为翔实
12	2022年7月	广东省环境保护产业协会	《广东省环保管家服务规范》（T/GDAEPI 07—2022）	团体标准	规定了向政府部门、园区和企业提供环保管家服务的基本要求、服务模式、服务流程、服务内容、服务成果和合同要求，引入了环境信息化管理的内容，首次提出“碳中和”“碳达峰”要求
13	2022年8月	山西省环境保护产业协会	《环境咨询（环保管家）服务规范》（T/SXAEPI 8—2022）	团体标准	规定了环境咨询（环保管家）服务的基本要求、服务流程、服务内容、服务保障、服务成果、考核评价和服务酬金计取方法等
14	2022年12月	辽宁省环境保护产业协会	《辽宁省环保管家服务规范》（T/LNEPIA 7—2022）	团体标准	规定了以工业园区、企业、政府部门等为服务对象，从事环保管家服务的服务单位应具备的基本要求、以及工作程序、服务内容、服务保障、服务成果及档案管理等事项
15	2023年1月	厦门市市场监督管理局	《工业园区环保管家服务指南》（DB3502/T 099—2023）	厦门市地方标准	针对工业园区环保管家服务，为全国第三个环保管家服务地方标准
16	2023年5月	湖北省生态环境厅、湖北省市场监督管理局	《湖北省环保管家服务规程》（DB42/T 2009—2023）	湖北省地方标准	首个由环保主管部门发布的环保管家地方标准，规定了对环保管家服务单位的要求，以及工作程序、服务内容、工作制度及绩效评估体系

3.1.2 服务能力认证

第三方环保服务业的快速发展催生了服务认证。服务认证是对服务供应者管理及服务水平是否达到相关标准要求的第三方合格评定活动，是适应市场发展需求，规范环境服务业市场的有效手段。

中环协（北京）认证中心于2020年7月启动环境咨询（环保管家）服务认证试点工作，次年8月正式发布《环境咨询（环保管家）服务认证实施规则》（CCAEPI-RG-ES—015—2021）、《环境咨询（环保管家）服务认证技术规范》（RJGF 304—2021，以下简称《技术规范》）。认证工作采取现场审查和认证后监督的模式，以《技术规范》为认证依据，对申报单位的环保管家服务能力水平进行认证。

根据《技术规范》，认证的环保管家服务业务范围是指除建设项目环境影响评价、规划环境影响评价、规划环境影响跟踪评价、环境影响后评价、环境工程设计等服务之外的环境咨询综合服务。具体包括环境规划与区划服务、排污许可服务、环境问题排查诊断与解决方案服务、生态环境工程监理服务、竣工环境保护验收服务、生态环境修复调查与方案服务、生态环境损害鉴别与法律服务、清洁生产服务、排污权交易服务、生态环境应急预案编制服务，共计十大业务板块。

《技术规范》认证指标包括注册资金、机构规模、人员配置等在内的支撑保障以及服务业绩指标，通过系统评价，最后对第三方环保服务单位进行服务能力分级认证，划分为一、二、三级别。

环保服务能力的认证，客观上提高了企业服务的质控能力，为企业的服务和质量提供了保障，有利于企业树立信誉和品牌形象、进行市场推广。自2020年7月中环协（北京）认证中心正式启动环境咨询（环保管家）服务认证一级试点工作至2020年12月底，22家咨询机构通过环境咨询（环保管家）认证，这些机构主要分布在北京、天津、江苏、浙江、河北、湖北、四川、陕西、广西、吉林、辽宁等11个省市。随着环保管家服务对保障经济高质量发展作用的提升，环境咨询（环保管家）服务认证将为市场提供更多优质服务机构。

3.2　环保管家典型案例分析

为促进工业园区环境污染第三方治理发展，2018—2020 年，生态环境部对外合作与交流中心联合中国环境科学研究院、中国循环经济协会等发布了三批次工业园区环境污染第三方治理典型案例，合计推荐了 16 个工业园区环境污染第三方治理典型案例，其中涉及环保管家相关内容的服务案例共有 4 个。这些案例在合作模式、技术改进、收费机制、综合化管控等方面都有借鉴意义（表 3.2.1）。

表 3.2.1　工业园区第三方治理典型案例

序号	时间	省市地区	案例说明
1	2013 年	江苏如东	江苏南大环保科技有限公司于如东沿海经济开发区管委会成立环保公共服务平台，为园区环保管理部门和相关企业提供知识培训、技术指导、方案设计、审批咨询、环境检测、专家诊断等多方面的环保顾问式技术服务
2	2014 年	青海西宁	广东中联兴环保科技有限公司承建并运维青海省西宁经济技术开发区有毒有害气体预警体系建设项目，并为开发区提供全过程环保管家服务
3	2017 年	江苏苏州	苏州工业园区与苏州道博环保技术服务有限公司签订定制化环保综合服务项目，开展产城融合式环保综合创新服务
4	—	河北衡水	衡水凯天环境工程有限公司经招投标承接河北衡水工业新区污水处理与资源化项目打包建设，并提供综合化环境监控，针对园区企业的环境问题提供专业化的环保管家式服务

除上述获生态环境部推荐的典型服务案例外，环保管家在全国范围内均有广泛的推行，为工业园区和企业的环境管理、污染治理保驾护航。现结合相关资料以及笔者团队在环保管家服务行业的从业经历分享几则环保管家服务典型案例。

1. 阿拉善盟某化工园区

阿拉善某开发区是内蒙古的典型煤化工及精细化工园区，建立于 2002 年，园区规划范围为 54.5 km^2，分为 3 个园区，入驻企业以民营经济为主体。园区以煤为原料，构建“煤-煤电-衍生产品”的煤、电、新能源产业；以农药、原料药、染料、中间体等精细化学品产业为主导，包括盐化工、氯碱、聚氯乙烯及下游产业。盐化工和精细化工产品附加值高，合成过程复杂，废气、废渣、废液产生量较大。随着环保标准的持续提高，污染治理难度及成本持续增加，对园区的环境管理提出了更高的要求。

园区管理委员会拥有独立的行政和经济管理职能，且配备有负责管理园区日常事务的各职能部门。但由于区内企业数量大，涉及行业种类多，管委会现有的环保部门工作人员无论在人力资源上，还是在环保专业的管理和技能水平上，均难以匹配当下的环境管理需求，在应对企业污染设施运行情况，环境风险隐患等排查工作时，缺少现场环境执法和监管力量，治理手段薄弱。

此外，由于不同时期下发展理念的差异，园区的环境规划没有很好地落实到建设规划上，园区在产业层面的规划未能较好地体现绿色发展理念，降低了园区环境质量发展的水平。随着国家政策、制度和标准的推陈出新，企业缺乏相关专业知识，对新法规、新制度认识模糊、理解不到位，无法及时根据新政策完善自身的环保手续、提高污染治理能力。环保“底子差”让园区在环境管理和规划发展的工作上陷入被动。为改善园区环境管理困境，管委会委托第三方环保服务单位为园区提供环保管家式综合服务。

在接受委托后，该园区环保管家技术团队讨论形成了管家服务流程，制订了具体的工作方案。首先，技术团队根据该化工园区项目类别特点和周边敏感目标情况，开展基础信息调研，收集园区相关的环境保护文件、环境管理制度文件。通过现场踏勘、人员访谈等模式，对区内企业的废水、废气、固废环保设施运行情况，雨污管网和环境风险应急设施进行排查，并形成照片、文字记录等材料。其次，根据现场调研情况，项目组形成排查问题清单并提出针对性整改建议，指导园区和企业进行问题整改。此工作模式下，问题排查面涵盖产业结构优化升级、园区政策升级、环境治理设施技术升级改造、智慧监管平台完善等方面。园区层面的问题整改上，环保管家对园区负责，全过程由园区参与并与之互动，对应的解决方案以及工作责任需经双方协商一致。最终，在完成问题整改后，由环保管家分析整改效果，形成整改闭环。

此外，该园区环保管家技术团队搭建了化工园区环保管家智慧平台，根据自然环境数据、企业产排污电子数据、风险源动态管控等基础资料，通过大数据分析为园区提供全方位的动态化平台管家服务。

自委托环保管家作为第三方服务企业以来，该化工园区企业污染治理水平显著提高，环保设施稳定运行，污染源达标排放。环保管家结合园区工作的实际情况，弥补了园区环保管理上的短板，真正做到“专业的人管专业的事”，提升了园区整体的环保管理水平。

2. 上海市某工业区

该工业园区经过20多年的发展已经进入成熟期，土地开发程度较高，但是仍然存在部分区块企业分布杂乱、产能落后、环保安全隐患突出，部分“园中园”企业更新较快、环保意识落后的情形。园区管理人员有限，难以实现有效的跟踪排查。在迫切的环保管理需求下，园区聘请了第三方环保服务机构作为“环保管家”协助开展园区环境管理工作。

在接受委托后，环保管家基于园区的目标和要求，主要分三阶段开展全方位辅助监管工作。环保管家全面梳理园区企业内容，排查园区环境问题隐患并提出整改意见，有效改善了园区环境管理水平。

1）全面摸排：应查尽查，园区摸排

首先，建立项目小组并确立工作方案。园区管委会组织项目启动大会，会上项目小组就“环保管家”工作意义、工作方式、工作内容等，与管委会各部门进行交流讨论，双方就环保管家的工作期望、服务流程框架达成基本共识。其次，秉持应查尽查的观念，项目组在收集基础资料的前提下，对区内企业进行全面排查诊断，从环保手续的合规性、环保治理措施的有效性、环境风险隐患的可控性三个方面对企业进行全面诊断。

环保手续合规性诊断：首要的是对企业环境影响评价、竣工环境保护验收以及排污许可证手续合规性进行排查，三者贯穿于企业发展的一生，分别是项目建设、项目正式投产和依法排污的必要手续和法律前提。企业生产方面，需要诊断项目和产品与相关政策是否相符，技术、工艺、设备是否为国家明令禁止或淘汰的，产品和项目类型是否符合园区规划要求等。同时，需要关注企业环境风险应急、清洁生产等手续。

环保治理措施有效性诊断：现场检查企业的产品、工艺、规模是否符合相关手续和法规要求，结合企业生产以及污染治理设施、日常污染治理设施运维记录台账等对企业污染防治设施的日常运维、管理情况等开展检查，关注排污口的设置规范性等问题。根据相关要求，核实企业排污口在线监测、自行监测情况，作为评估企业排污达标合规性的参考。

环境风险隐患可控性诊断：核查企业环境风险应急预案编制及备案情况，核查企业应急演练、应急设施、应急物资储备等是否满足要求，排查土壤、地下水环境风险隐患。

除此以外，① 污染物监测方面借助监测技术，对于排污大、隐患大、存疑的企业等开展污染物监测及现状评估。② 资料建档，建立环保档案库。对入户企业检查时，同步收集企业资料，包括环评、验收、排污许可文件以及其他各项资料，建立一企一档，企业问题有据可查，有利于完善园区后续管理。同时对企业档案做好动态管理，及时更新档案内容，形成一个有活力的、持续完善的管理机制。③ 编制分析报告，汇总阶段工作成果及企业问题，开展阶段培训。阶段培训包括法律法规、现场管理、污染物治理及排放、环保档案管理等企业环境管理方面的内容培训，同时会基于企业共性问题开展培训，以便协助企业解决具体问题。

2）重点跟踪：聚焦问题，重点管理

在完成前期的摸排工作后，项目组对排查问题情况进行梳理，总结成果。开展企业环境管理绩效评分，编制评分标准，根据企业环境管理情况进行打分评估，将企业环境管理水平分为优秀、良好、其他三个级别。后期监管一方面采用分级管理与不定期抽查相结合的方式，对于优秀、良好的企业可减少监管频次；另一方面采用例行检查结合不定期抽查方式进行监管，避免企业因检查减少而对环保管理松懈。

对于问题企业，及时给出整改建议，跟踪整改进度，对于问题突出企业，组织专家进行会诊，提出整改要求或改进建议，重点跟踪直至企业合规且转变环保观念。

3）成效成果：管理升级，成果显著

环保管家对园区内企业全面摸排，应查尽查，协助园区梳理了管理范围内所有企业生产情况及环境管理问题，从环保法律法规的合规性、环保治理措施的有效性、环境风险隐患的可控性等多维度对企业进行了全面诊断，企业环境问题得到了极大改善。环保管家确保园区企业环保管理“一企一档”，为园区后续的环境监管打下良好的基础。

环保专业人员深入企业，协助企业排查及整改环境问题，现场对环境隐患问题进行讲解，传达相应的环保政策要求，指出环境违法的利害关系和违法成本，使得企业对环境管理的重视程度得到提高，从主观上提高企业的环境管理水平。企业环保观念加强，由原来的被动管理、应付检查、抵触检查的心理向主动规划企业环保管理、规避潜在违法风险的观念转变。

在园区管理层面，环保管家服务的开展，借助第三方服务机构专业人员和技术的优势，有效地缓解了该园区环保管理人员配备不足、技术薄弱等管理短板，配备专业的人做专业的事，使得环境管理效能大大提升。在企业和园区层面，随着环保管家工作的推进，企业和园区环保管理人员的环保观念得到极大改变，潜移默化中向主动管理、前端预防转变。对于园区规划发展，环保管家的工作实施使园区环境管理水平得到提升、园区营商环境得到优化，有利于建设绿色生态产业链，推动园区高质量发展。

3. 河北省某市国家级高新技术产业开发区

河北省某市国家级高新技术产业开发区（以下简称高新区）成立于20世纪90年代，经过多年发展，高新区目前实际管辖面积320 km^2，人口5万余人，全区累计注册工商企业420余家，园区主导产业包括绿色饮料食品制造、生物医药制造、智能化仪器仪表、汽车零部件装备制造等。

目前，该高新区主要通过园区管委会行使行政管理与开发建设职能。管委会下设规划、土地、工商、税务、环保、财政等职能机构，各机构受园区管委会的管理和监督，自行承担相关工作。其中日常环保管理工作由高新区环保分局负责，分局设管理科、监察科等业务科室，承担项目预审、环保监督管理、排污登记、环保信息统计等工作。在日常管理方面，高新区环保分局实行划片包干、责任到人的机制。分局下属的各类业务科室职能分工明确，各项工作均委派专人负责。

该高新区的环保管理制度和部门设置较为完善，也配备了一定的技术人员，然而区内企业数量众多且涉及行业类别多样，日常管理工作量大，事务复杂繁琐。管委会现有环保管理部门在人力物力、技术支撑能力上有局限，使得实际管理难以面面俱到。该园区环境管理现状困境归纳起来主要为以下几点：

1）环保政策法规掌握不及时

随着环境保护公众需求的不断提升，国家在环保领域的法律法规、政策标准也在不断完善、陆续出台和迅速落实。园区管理部门毕竟不是环保从业者，对相应环保法规、政策标准掌握不及时，无法对其进行有效解读。这就导致园区无法对各项污染防治措施运行、污染物达标排放管理等工作做到准确及时的指导，容易造成园区管理与政策要求相脱节。

2）环境整体性观念不足

由于园区在建设过程中对环保认知不透彻，环保规划落实不到位，造成园区在产业定位、规划布局、环保基础设施规划建设等方面存在缺陷。此类问题属于工业园区的普遍症结，“先天病”是发展过程中难以避免的现实困境。如要改善或解决此类园区上层规划问题，需要园区在开发建设过程中，贯彻绿色发展理念，在实践中不断探索，调整规划，突出园区及区域特色，逐步形成一条适合自身且具有前景的发展道路。

3）园区管理事务繁重，人手不足

园区内虽已配备一定的环保技术人员，采用划片管理，专人分区负责包办，并实施重点事项专人专管的机制，但由于区内企业相对较多、各类环保事务繁重、管理人员配备相对不足，加之环保工作本身的突发性和不确定性，实际管理过程中，存在顾此失彼、心有余力不足的情况。

4）园区管理人员专业技术阅历单薄，缺乏专家团队指导

园区内企业数量众多，涉及食品、医药、化工、冶金等诸多行业，各类企业产排污特点迥异，环保设施及污染源处置措施各有不同。同时，园区日常环境管理中，涉及环境评价、排污许可、竣工环保验收、清洁生产、环保设施运维、污染源检测等多种业务。园区环保管理团队部分人员缺乏环保专业背景，技术水平有限，环境隐患排查理论及实际经验不足，且缺乏专家团队的指导。企业个体间的差异、环保业务种类的繁多、专业技能

上的困难使得管委会管理人员在现场工作时有心无力。一方面，现场排查过程中可能无法准确判断环保设施运行情况、发现企业环境隐患并提出整改意见，“发现问题难”，进而影响园区企业环保水平提升。另一方面，自身专业水平受限，加之缺乏专家咨询机制，对现场问题的应急处置容易临时抱佛脚，对问题的提出、整改缺乏文件政策抓手，“解决问题难”。

客观来说，园区环保管理是一项综合性的课题，想做好做精，管理者既需要有专业的环保知识和技能，又要有灵活的管理技巧和思路，然而对于大多数园区来说，让管理者成为“全能型选手”是不现实的。由于在不擅长的环保技术等事宜上消耗了较多的时间精力，管理者在管理上难免分身乏术，影响园区整体管理水平。

而“环保管家”作为一项综合性环保服务工作，可以协助园区从产业定位、政策相符性、产业布局、绿色产业链构建、环保咨询、环保决策指导、污染治理、环保设施运维、环境风险隐患排查等方面进行全方位技术支持，优化园区环保管理体系，促进园区绿色稳定发展。

园区管理方面，环保管家可以在规划设计阶段提供环境咨询服务，协助园区进行环保决策。根据园区产业特点、资源利用情况、污染源及环境质量等现状，环保管家可确定主要环境问题和制约因素，提出规划优化调整建议，协助园区管理部门确定产业定位，并合理规划产业空间布局，协助建立环境评价指标体系。环保管家可以梳理园区基础设施的建设运行情况，为集中供热、集中污水处理等设施布局完善、建设规模调整、环保设施工艺提升改造出谋划策。

项目入区及建设方面，环保管家可以协助对拟引进项目进行环保技术评估，从园区产业定位、规划布局、产业链角度评估其相符性，对照国家、省市产业政策导向分析项目产品、生产工艺、设备的可行性。在项目建设过程中，环保管家可以督促企业完善排污许可证、环保验收等手续，确保企业实际建设过程中落实环评及批复要求的环保措施，并在实施过程中提出优化建议。

现场排查、技术指导方面，环保管家可以协助园区对各企业环保治理设施的日常运营进行监督、监管，定期对企业进行全方位环境风险排查、环境及污染源检测，针对发现的问题提出整改方案并指导实施。由于环保管家的身份性质属于服务第三方，在实际工作中，更多的起到是“督促、协助、指导”的作用，通过环保管家和园区管理人员组合的形式对企业进行现场核查，可实现两者的互补，保证现场工作专业性的同时可提高企业的环保重视程度，也丰富了园区环保管理工作者的排查经验和知识储备。

此外，环保管家可协助园区及企业应对突发环境事件；协助园区及企业申请环保专项资金；协助企业定期进行清洁生产审核，提高清洁生产水平；根据环保管理部门要求及企业实际情况协助开展日常环保咨询及专项环保知识培训；协助园区开展年度专项工作报告、环保信息年度报告等工作；协助园区制订大气污染物、水污染物、固废等污染物专项治理工作方案；及时追踪国家新发布实施的法规、政策及标准，对其进行解读，结合园区实际情况提出对应改进措施，实现持续健康发展。

现今环保管理工作愈发数字化、智能化。环保管家也可以从旁协助搭建园区环保大数据平台。根据园区自然环境数据、企业生产情况及排污信息数据等基础资料，通过大数据分析、移动互联网技术，建立园区企业动态化平台，同时整合专业咨询团队，为园区提供一站式、全方位、全生命周期的环境管家服务。

4. 某省级重点化工园区Q

Q工业园区于2006年开始建设，是省级重点化工园区、市级工业集中发展区及重点工业布局点。园区总规划面积100 km^2，规划建设用地面积64 km^2，核心区面积33 km^2，目前园区分东西两区，东区基本为已发展定型的家具制造、化工行业企业，西区自2016年起建设新兴产业区（新能源、新材料）和综合产业区。目前园区各类企业169家，东区企业159家，其中家具制造企业66家，化工类企业（精细化工、涂料等）48家，机械金属类14家，建材类12家，医药类4家，纸制品等其他类15家。西区企业10家，除2家医药企业外，其余均为在建新材料、新能源企业。

纵观该园区发展历程，主要可以分为两阶段。前期园区存量项目涉及家具、医药、化工、机械、建材等诸多行业，园区绝大多数企业为中小型企业，且以劳动密集型、污染程度较高的家具行业、化工行业企业为主。

企业自身环境管理能力薄弱，园区环境管理力量不足，人员专业性不强等问题较突出，随着环保工作要求日益提高，园区管委会所面临的环境监管压力和环境风险也越来越大。2016 年以后，园区进入高速发展阶段，园区围绕战略性新兴产业和高端成长型产业，重点发展新能源、新材料、智能制造等产业。此类项目属于高新产业，对环保要求较高，仅依靠园区环境管理人员根本无法提供相应的技术支持和专业指导。园区管理人员受工作职能关系影响，对国家密集颁布和修订的环境保护法律法规往往是被动接触学习的，对政策要求掌握、理解不到位。此外，园区在环境管理方面未能形成多方协调机制，园区环境管理和服务经常陷入单打独斗的困局。按照政府职能划定，园区属于当地环保部门监管体系的一环，园区环境管理采取属地化监管和服务。在实际运行中，双方往往没有建立完善的协调机制，产生工作重复进行或者工作留白的情况，比如同一个投诉会分别转到环保部门和园区，两者之间的弱沟通协调机制，往往导致环保部门处理后园区在不知情的情况下又二次处理。此外，园区管委会本身不具备环境保护的行政强制力，也没能有效地利用当地环境保护部门的行政强制力来推动企业落实自身环境主体责任，企业因为经济原因对环境保护工作存在抗拒心理，没有足够压力的情况下，主动作为的积极性不足，从而形成三方各自为战，不能形成合力的局面。为改善目前面临的困境，探寻一条适合园区环境管理和服务的新方法、新路线迫在眉睫。

该工业园区的工作人员机缘巧合参加了一次“环保管家”主题的技术交流会。在初步了解到“环保管家”服务模式和内容后，为进一步提高园区环境管理和服务能力，园区通过磋商形式正式确定了由第三方机构为园区提供环保管家服务。

在入驻园区后，环保管家团队的工作任务主要有 4 大项目：

1）提供专业咨询服务

对园区重点、重大引入项目提供相应前期专家咨询服务，为建设项目落地实施的可行性以及下一步项目实施需重点关注的问题提供建议，为确定引进的新项目提供环评、环保验收及排污许可证等技术咨询。

2）提供日常检查服务

检查分为常规检查、突击检查、协助检查等。常规检查是指专家团队根据企业排查名单，协助园区环保管理机构分类按期进行排查，对正常生产企业重点检查环保设施运行情况、污染物排放情况、限期治理情况；对新建项目重点检查环境保护行政许可情况、建设项目环境保护法律法规的执行情况。突击检查是指专家团队协助园区环保管理机构不定期、不定时对企业进行检查，将检查中发现的问题及时上报环保主管部门。

3）对园区环境风险及应急工作进行专业研判

研判园区环境形势，排查环境风险。根据园区环境质量监测结果和日常检查情况，每半年综合评述园区环境质量的变化趋势，排查园区环境风险点，出具研判报告，提出应急措施；根据环境风险点，模拟突发环境污染事件，开展应急演练，服务频次为每半年一次；协助园区管委会处理重点、难点投诉，对园区发现的环境难题提供技术支持。

4）协助园区进行环保培训、宣传

每年定期对园区管委会工作人员以及园区企业环保管理人员进行国家环保法律法规、典型违法案例、实用环保技术等的宣讲，提高企业环境保护有关知识水平。

为更好地发挥环保管家模式的服务效果，园区根据实际工作情况，从组织架构顶层进行优化设计，构建了“园区环境管理领导小组”与“环保管家技术团队”的服务架构，其中园区管委会履行园区环境管理基础职能，环保管家团队为技术补充，整个团队的工作模式也从原来的“偏监管”向“偏服务”转变。在这一工作模式下，该园区与环保管家协作，建立了园区污染源“一企一档”环保资料档案库和环境风险信息库，通过“问题清单、整改清单、奖惩清单”的工作节点模式，对园区和企业的现场排查服务进行闭环管理。

该园区的环保管家服务模式和内容并不是一成不变，或者由环保管家第三方机构单方面提供的。园区和环保管家构建了联动巡查机制，实行“园区＋环保管家＋环保部门”的联动巡查。联动巡查机制，一方面弥补了园区和管理部门在现场工作中的技术短板，另一方面增强了排查工作的权威性和强制性，有助于提高企业的环保意识，落实问题整改。通过一系列互动改革，该园区环保管家模式基本成熟，建立健全了园区管委会主导、环保管家引导、当地环保部门督导、企业落实主体责任的多元共治机制以及信息共享机制，完善信息互通，定期或不定期协调召开各方参加的会议，推进多元主体在园区环境治理中的民主协商和科学决策。

自环保管家模式运行以来，该园区平均每年进行各项巡查检查次数达400次，总计排查各类环境问题和隐患700余条并全部完成整改，协助处理各类环保投诉300多件。通过定期组织专家开展环保讲座、环保技能培训等方式，提高了园区及园区企业污染防治水平和环境管理水平，扩展了园区、企业环境管理人员的综合素质。此外，环保管家模式推行以来，合计开展园区整体环保培训近40次，各类行业专项培训30多次，专题环保宣传10余次。将环保宣传贯彻在日常巡查之中，做到随查随讲，时刻宣传。企业环境隐患和问题不断被发现并及时整改，随之而来的园区环境问题投诉和环境行政处罚次数逐年下降：2017年园区环境问题投诉228件，2018年下降至113件，2019年下降至85件；2017年园区环境行政处罚58件，2018年下降至25件，2019年下降至11件。Q工业园区通过开展环保管家服务，实现了园区环境问题的全方位诊断，环保管家的专家咨询、整改建议极大地提高了园区环境质量以及管理水平。环保管家模式效果明显，使得当地以及周边的工业园区纷纷学习借鉴。

5. 苏北某化工产业园区

该化工产业园区位于江苏北部，其前身为市政府批准建设的经济开发区，规划用地总面积为9.9 km^2。项目环境影响报告书于2007年获江苏省环境保护厅（现江苏省生态环境厅）批复。自成立起，园区经过多年的建设与发展，已形成了完备的区内交通网路，供水、供热、供气、污水处理等基础设施建设齐全，环保配套建设日益完善。2019年，区内实际在产企业70余家，另有数十家企业处于停产、半停产状态。该园区担负着所在辖区乃至地级市化工产业聚集发展、绿色发展和高质量发展的重任，为城市发展和环境建设做着积极的贡献。

化工园区是产业发展的集聚区，是国民经济和地区经济发展的重要载体。化工园区一方面有利于以产业空间集聚来合理配置生产要素，实现化学工业的集约化和产业集群效应，促进经济可持续发展；另一方面，有助于政府集中统一管理，减少行政成本，增强服务效能。但同时其作为能源、资源规模消耗和污染物集中排放的区域，对当地的环境保护工作带来了巨大的挑战和压力。近年来国家各级环境保护部门持续开展综合督察以及大气环保督察、固废环保督察等专项督察，以化工园区为典型代表的工业园区作为工业企业集中区和污染排放重点区域，始终都是督察的重点和必查点。本着“该停的坚决停，该关的坚决关，该搬的坚决搬，该淘汰的坚决淘汰”的理念，江苏省相继出台多则关于化工行业整治提升的文件政策，不断加快整治化工园区、调整优化化工行业的规划布局，化工园区的整治和规范管理刻不容缓。

环境保护工作是具有较高专业性的复合型行政管理工作，园区企业“经济人”的属性天然与环境保护工作相冲突，企业对环保工作存在一定抗拒心理。正如前面列举的几个典型园区，本次提及的苏北某化工园区同样面临着环境管理工作的制约因素。

首先是环境管理力量不足，人员专业性不强。该园区与国内绝大多数工业园区一样，采取的是管委会管理体制模式。园区管委会是政府的派出机构，是直属事业单位，具有一定的行政管理权限和经济管理职能。园区下设党政办公室、财政审计局、社会事业局、规划建设局、经济发展局等多个职能管理部门。经过多年的发展，随着在环保管理层面意识的提高，园区增设了环保部门——生态环境监管中心（以下简称“监管中心”），弥补了环保专职管理部门的缺失。监管中心以事业编制工作人员为主，合同制人员为辅。中心内人员根据自身的工作经验和技能特点，被分配在废水、废气、固废、应急等具体工作板块，中心管理职能分工和工作模式初步成形。2019 年，中心在职员工共 5 人，相对于区内近百家企业的环境管理需求而言，环境管理人力资源不可谓充盈。加之江苏省对省内化工园区安全环保整治要求的提升，中心职员疲于应对上级部门检查，区内环境管理实际效果不佳。此外，园区环境管理需要深入到治污设施运行状态检查等环保专业性领域，面对环境管理需求不一、污染源排放类型不同、污染治理设施繁多的园区企业，工作人员往往无能为力，由于不能有效地判断运行效果，直接影响到监管效果。即使是环保专业出身的工作人员，受工作年限以及工作以后专业知识储备更新不足的限制，对于处理深层次的环境问题，比如环境风险隐患排查也存在一定困难。人力资源薄弱、专业化不强，使得园区环境管理内容、环境管理深度以及环境管理广度不能进一步细化发展，从而影响园区环境管理水平。

其次是环境政策更新滞后，管理理念落后。此项问题，体现在园区的下层实施和上层规划上。对于下层实施而言，我国近年来密集颁布和出台的环境保护法律法规、政策文件，客观上为下层环保管理提供了文件支撑和制度保障，实现了环保政策先行，但这却对环境管理和从业者提出了更高的专业理论水平要求。对法律法规的学习更新不及时、对政策的理解不到位，容易造成园区环境管理与服务工作和法律政策要求不适应。而在企业层面，部分企业环保观念落后，污染防治设施落后，生产车间设备管道跑冒滴漏，环境管理脏乱差。由于管委会的督促不具备足够压力，企业为追求眼前经济效益存在侥幸心理，不主动，不作为。管委会本身缺乏环保行政执法权力，也无法有效地推动企业落实排污单位环境主体责任。

对于上层规划而言，环境政策理念的落后同样不利于园区的未来发展。部分工业园区奉行“经济先行”理念，环境规划未能较好地落实到工业园区建设总体规划中。片面考虑经济利益，对于申请入驻的企业优先考虑经济利益，大打“擦边球”，放松了环保准入要求，降低了工业园区整体环境质量水平和社会效益水平。以该化工园区为例，园区在建设初期规划以化工、医药、造纸、印染等为主导产业。但由于前期发展过程中对建设项目盲目引进以及不同经济时期环保理念、尺度差异，该化工园区的产业组成并未按预期发展，实际形成了包含医药、化工、新材料、酒精制造、表面处理、印染、电池能源等产业的混合型园区，且产业关联度不强。在产业布局上，早期“招商引资”过程中，项目的落地选址优先于地块的规划属性，“引资”的经济属性和“规划”的环保属性冲突，使得园区发展过程中部分地块实际用地属性与规划不相符。

为应对园区环境管理方面的困境，该化工园区通过政府采购招标公告形式，采购了2019—2020年度园区环保管家服务项目。笔者所在项目组凭借过硬的技术实力和广泛深耕的业务基础，成功中标该化工园区环保管家服务项目。根据双方协商以及合同规定的内容，环保管家服务工作主要包括以下几大项：

（1）对照江苏省相关文件要求，对园区生产企业开展水、气、固环境污染诊断，核定筛选特征污染物，制定一企一策污染治理方案，并协助完成整治验收，全面提升园区企业三废治理能力，重点是强化特征污染因子治理和气味管控。

（2）对照江苏省相关文件要求，协助园区建设完善数字化平台，涵盖园区基本情况、企业基础档案、特征污染物名录库、环保专项业务管理、环境监控预警、LDAR管理系统、园区污染溯源分析、园区风险与应急指挥以及园区环境视频监控等，与省级“一园一档”环境信息管理平台联网。

（3）对照江苏省相关文件要求，为园区提供环境保护决策咨询全方位服务。主要包括但不限于：为园区263专项行动、环保规划、规划环评、生态工业园区建设、环保基础设施（污水处理厂、固废处置场等）、污染场地治理修复、黑臭水体治理等水、大气、固废、污染修复环境工程设计建设提供相关环保决策咨询服务。

（4）对照江苏省相关文件要求，为园区提供“环保大讲堂”定制培训服务。主要包括：生态文明与263政策培训、环保法及配套办法解读、重点环保督查、排污许可证核发等，具体培训服务根据园区实际需求协商确定。

（5）对照江苏省相关文件要求，配合园区开展区内企业环保督查管理。协助园区建立起区内重点企业环保长效管理机制，配合园区对区内重点企业开展环保飞行检查工作，包括环保手续的合规性、污染治理设施运行稳定性和达标排放可行性、企业环保问题的整改落实情况、环境风险与应急防控等，必要时根据现场检查情况，协助园区环保部门出具例行监督性监测方案，督促指导企业开展污染达标排放监督性监测。

（6）对照江苏省相关文件要求，协助园区建立“一企一档”环保档案库，包括企业环境影响评价报告、环保“三同时”验收材料、污染治理设施方案及设计施工资料、突发环境应急预案材料、排污许可证、企业环境管理机构及管理制度材料、污染治理设施运行管理台账及作业指导书、实施清洁生产相关材料、固体废物特别是危险废物处置材料、企业内部例行监测或者环保部门监督性监测材料等，并作为园区企业环保管理的重要依据。

（7）对照江苏省相关文件要求，对园区大气、地表水、土地、地下水环境质量现状分别检测分析，形成园区环境质量评估和治理修复意见。

（8）对照江苏省相关文件要求，为园区突出环境问题提供专业解决方案，协助园区处理解决环保督查、263交办、群众举报案件等，必要时根据需要组织专家对相关问题进行现场诊断并提出针对性解决方案。

在接受该化工园区管委会委托后，项目组成立现场工作小组和专家技术团队。通过对服务内容进行梳理和分析，合同约定的工作内容主要可分为：① 现场排查类；② 环境咨询、决策服务类；③ 环保培训类；④ 园区智慧化咨询服务类；⑤ 资料梳理、档案建立类。

项目组与园区管委会环保分管领导、生态环境监管中心主要成员对环保管家工作模式、流程、要求等内容进行了讨论沟通，确定了构建“环保管家＋生态环境监管中心”的工作团队模式。一方面，环保管家专家团队的补充，为监管中心工作人员现场排查工作提供了一定的技术保障。相应的，监管中心也为环保管家与企业在资料对接、技术沟通等方面提供了便捷。另一方面，管家团队的技术支撑，有助于加强园区与属地环境管理部门的沟通协调，用环境管理部门的行政执法力来弥补监管中心在日常环境监管过程中强制力不足的缺陷。事实上，园区的环境管理是由园区管委会、园区属地环境管理部门以及企业共同承担的。环保管家的介入，改善了工业园区上述各方低效、分散的工作模式，促进三方合力。

环保管家团队深知环境监管的关键点在于现场排查。在委托监管中心协助收集“一企一档”资料的同时，项目组团队深入企业现场，对接资料，并对园区生产企业开展环境污染综合诊断。彼时，江苏省化工产业安全环保整治提升工作正如火如荼开展，省内相继出台了多项规范化工园区环境管理和整治提升政策文件。团队在现场出具的环境问题诊断报告主要对照《关于江苏省化工园区（集中区）环境治理工程的实施意见》（苏政办发

〔2019〕15号）附件3中“江苏省化工园区（集中区）环境绩效评价体系”打分内容，同时参照《江苏省化工产业安全环保整治提升方案》、《关于印发化工产业安全环保整治提升工作有关细化要求的通知》（苏化治办〔2019〕3号）等相关要求。报告内容涵盖污染物排放标准合理性分析，企业环保手续、环境应急手续合规性分析，生产工艺、原辅料、生产设备等调查及偏差性分析，三废（废水、废气、固废）污染防治设施现状及问题分析等，系统性地梳理了在产企业的现状和环境问题，并提出整改建议，推动该化工园区严格执行建设项目准入和污染物处置标准，全面提升污染物收集、污染物处置、能源清洁化利用以及监测监控能力，响应了江苏省化工产业安全环保整治提升要求。

完成排查工作后，技术组对企业端存在的环境隐患问题进行了整理、总结，并上报园区生态环境监管中心，由监管中心负责督促企业整改，环保管家可针对整改内容进行技术答疑。原则上环保管家只提供整改建议或初步治理方案，企业可自行委托相应技术单位针对具体问题进行方案设计并解决。在企业完成问题项整改后，监管中心组织环保管家对整改情况进行现场复核，在合规后形成闭环。

全面的企业环境问题排查可以为后续工作的开展提供基础。在现场，项目组技术人员对企业环保手续的合规性进行排查，梳理实际建设内容与已批内容的偏差性，督促企业完善环保手续，使得一企一档内容更完备。通过对环境隐患问题的梳理分类，环保管家一方面可以建立环境绩效评估体系，对区内企业环保水平进行综合性评估，形成园区环境重点监管企业名单，以便后期重点跟踪；另一方面可筛选出区内企业存在的共性、重点问题，借助“环保大讲堂”定制培训服务的开展为园区环保重点难点问题的解决提供支撑。

承接该化工园区环保管家工作以来，项目组在与监管中心沟通的前提下，陆续开展了“排污许可证申报、证后管理”“污染源自动监测与运行管理”“环境隐患排查治理与档案建立”“应急预案演练与实施”“土壤污染隐患排查、土壤地下水自行监测”“挥发性有机物无组织管控与提升”等十余次专项环保培训。这些培训内容贴合了园区与企业的实际需求，聚焦日常环保工作，直面问题，直击难点，提升了企业环保意识和从业人员的业务水平。

顶层建设方面，环保管家协助园区完善现有环境管理制度，为园区的项目准入和评估筛选、环保基础设施建设、规划环评、主导产业链等提供全方位环保决策咨询服务。针对前文提及的该化工园区产业布局不合理、现有产业链关联度低、产业特色不明显的制约情况，环保管家团队借助该化工园区上轮规划面临到期，即将开展新一轮产业发展规划的契机，为园区产业规划及规划环评提供决策服务。环保管家提出：抓住园区现有产业特色，立足园区产业集聚发展、绿色发展、高质量发展的需求，重点发展特色化工新材料和医药大健康化学品两大主导产业。对于不符合产业定位的现有企业，考虑到上述部分企业已形成较好的产业基础和经济比重，且部分非化工企业产排污较低，项目组建议园区对上述企业分近远期计划搬迁，并围绕主导产业及上下游产业链关系，依托产业之间的关联性，尽可能保留高质量现有企业。在后期的产业发展规划以及规划环评编制中，该化工园区采纳并保留了上述观点建议。规划环境影响报告书于 2023 年 4 月取得江苏省生态环境厅审查意见，为园区长远发展打下关键基础。

环保管家服务期间，项目团队圆满地完成了合同约定的工作内容：在现场排查方面协助监管中心建立了园区企业环保长效管理机制，配合园区开展环保飞行检查工作，使区内企业整体的三废治理能力得到提升，园区生态环境信访举报事件数量逐年下降，2020—2021 年环保投诉均在 20 件以内，年度环境质量监测稳定达标，区域环境质量明显改善；协助企业完成特征污染物数据申报和技术审核，利用园区现有智慧化平台为建立特征污染物名录库提供技术支撑；完善园区环境风险预警管控，为园区智慧化平台数据分析功能提供理论指导；编制或完善多项园区环境管理制度，丰富园区制度建设；指导、协助园区完成环境风险隐患排查整改工作；协助园区完善突发环境事件应急预案并组织应急演练等。项目组在环保管家服务期间的成绩和效果有目共睹。2021 年 10 月，园区管委会发来感谢信，对项目组提供的环保全方位技术服务给予高度赞扬和衷心感谢。

6. 山西某火电企业

本案例服务对象为位于山西的某热电公司，公司于 2013 年建成 2 台流化床锅炉并开始运行，2017 年完成脱硫系统在线监测验收。供热锅炉主要在供暖期使用，供暖期为每年的 11 月 1 日至 3 月 31 日，停炉后检修维护。该热电公司现已建成 1 台 29 MW 燃气锅炉、2 台 40 t 内置式循环流化床锅炉和 1 台 100 t 备用循环流化床锅炉，主要为所在区县建成区提供集中供热，集中供热面积 158 万 m^2，集中供热覆盖率超过 90%。

对照生态环境部《重点排污单位名录管理规定(试行)》,热电企业属于废气污染重点监管行业。该热电企业烟气安装有在线监测，并与环保部门系统联网。但在日常运行中，该企业 SO_2 在线数值频繁超标，导致企业长期面临环保处罚风险，甚至影响企业生存发展。为查明 SO_2 频繁超标的原因，改善企业环保形象，企业委托第三方技术单位提供环保管家服务，全权负责厂内环保管理。在接受委托后，环保管家以现场巡查的方式对企业存在的环保问题及环境隐患进行了排查。

环保管家对企业的现场诊断主要是通过现场勘察，收集资料，环境检测，结合与企业一线生产人员、管理人员沟通等方式获得。针对该热电公司，诊断内容主要包括：①检查企业的环评、验收、排污许可等文件是否齐全；②运行期环保措施的运维检查，主要包括锅炉炉渣、脱硫除尘灰渣是否及时清理，处置方式是否满足环保要求；③检查企业的废水、废气处理设施是否有效、稳定运行，是否建立固体废物台账，废水、废气是否实现达标排放；④检查原料、废物堆放场所是否采取了防雨、防渗、防流失的措施，是否存在废物流失导致的环境风险，是否制定了环境管理制度。

在分析收集资料的基础上，环保管家通过现场排查诊断，经梳理后确认该热电企业主要存在的环保问题有：①根据企业提供的烟气排放日报表数据，企业 SO_2、NO_x 数据，尤其是 SO_2 超标频繁，无法稳定达标；②脱硫石灰作为厂区固废，在厂内随意堆放，涉及地下池体周边、未硬化的土壤等区域，存在污染土壤地下水的环境风险隐患；③缺少环境管理制度，环保管家未发现企业相关的环境管理制度，企业工作人员的环境管理和专业技能较为缺乏。以脱硫系统为例，脱硫系统加碱液均为人工操作，投加碱液时间频率和再生除渣等工作均由人员凭经验完成，人员缺乏工艺操作的培训。浆液再生系统不能及时除渣，致使脱硫吸收塔系统堵塞严重。

为解决上述企业迫切关注的环境隐患，环保管家经过技术研究，制定了具体的服务方案。首先，解决企业烟气频繁超标问题是当务之急。根据调查，该热电企业现有脱硫方案为双碱法工艺，双碱法是采用可溶性碱性清液进行塔内脱硫，接着在再生池内用 $Ca(OH)_2$ 对脱硫产物进行还原再生，再生出的脱硫剂再被打回脱硫塔内循环使用，具有投资、运行成本低的技术优势。导致 SO_2 超标排放的原因是烟气量、塔内有效反应区小，塔内流速过大，因此需要改变塔的内部结构，以减少循环区域塔内流速。环保管家提出的方案主要是保留原麻石塔，对其内部结构进行改造，改为空塔喷淋。通过增加喷淋层和加大循环水量，增大气液比，使塔内烟气最大限度地被浆液吸收。同时，对投加碱液系统进行全自动化改造，通过在再生池中设置 pH 监测仪和自控系统来实现投加碱液的精确控制。企业采纳了上述提标改造意见，在项目竣工后，验收监测数据显示烟气污染物可达标排放。

对于该企业在环境管理方面的缺陷，环保管家协助企业完善了现有环境管理计划，制定了环境保护责任制度，明确了企业内部各环境管理机构和人员具体的环保职责。为确保脱硫等环保工艺的效果，环保管家组织了对一线人员的技术培训，并进行相关环保法律法规的知识宣讲，帮助员工梳理环保意识，提高技能水平。环保管家还协助企业建立“环保一企一档”，对环境影响评价文件、排污许可证、突发环境事件应急预案、企业环境管理台账、环保状况调查与整改记录、环保工作计划及年度总结、日常巡查记录、一事一议工作会议记录等材料进行了系统梳理，为企业的环境管理长效机制提供了保障。

上文，我们共分享了 6 则环保管家服务案例，其中 5 则为园区/政府向管家服务，仅有 1 则为企业环保管家案例。其实不难看出，虽同为环保管家工作，且工作内容除去规模，在形式和类型上存在很多相似之处，但两者在内涵特质和动机上还是有明显区别的。

企业端环保管家服务工作相对于园区政府端，在服务内容上更偏向细节和具体，贯穿企业从立项建设到投产运行甚至关停退出的全过程环境咨询项目。由于企业“经济人”的特质，在环境咨询业务上，更倾向于“一锤子买卖”。相较园区环保管家，企业环保管家在工作内容上更偏向短期需求，而不是长远的系统规划。企业的环境服务需求来源于环境监管压力，而企业将压力转化为需求的动机却不强烈，这种需求是被动的、苛刻的。“头痛医头，脚痛医脚”是常态，这种市场是不稳定的、难以开发的。

政府和园区是环境管理的监管方，面对国家日益严格的环保要求，作为监管方的工作强度和责任压力也越来越大。在行政问责制度下，政府对环境服务的需求源于强烈的主观意识，而这种主动需求下的市场是稳定的、易于开发的。客观来讲，在产业集群趋势更明显的当下，无论是从丰富环保管家工作内涵，使得环保管家在绿色发展、治污减排道路上发挥更大作用的角度，还是单纯追求环保管家服务效果和成绩，笔者认为在现阶段以及未来相当一段时间内，针对园区和政府的环保管家形式，相较企业而言是更具有市场和发展前景的，这类环保管家可作为行业担当，维持行业的发展。但同时随着我国环境事中、事后监管的持续深入，国民环保意识的逐渐增加，企业环保管家的需求也将持续释放，市场也会越来越大。

4

环保管家服务发展制约因素和潜在风险

4.1 现状困境、制约因素

“环保管家”作为一种新型环保综合服务业务，在发展过程中仍面临许多困境和制约因素。综合来看，困境和制约可以分为内部和外部的。内部因素主要包括服务单位的能力和服务质量良莠不齐，服务内容同质化严重，市场发展不平衡等；外部因素则来自于配套制度的不健全，服务供需矛盾等。

4.1.1 市场发展不平衡

受国内各地区经济发展水平、环保管理要求的差异影响，环保管家作为一项“服务业”，其发展并不均衡，首先体现在业务分布上。环保管家集中在东南沿海及污染形式严峻、环保产业基础发达的地区，而中西部地区环保管家业务模式发展相对缓慢，市场空白较大。从环保管家服务类标准的出台就可见一斑，东部地区出台的标准在时间线和完成度上具有一定优势。环保管家始终是以需求为导向的供给侧改革类环保服务业，因此形成这一现状并不难理解。

其次体现在企业和服务规模上。随着环保管家业务市场的发展，越来越多的第三方环保服务公司转型投身到这一全新产业。由于人员技术水平、资源实力、抗风险能力等方面的差异，大型的综合环境服务企业或研究机构作为环保管家承接了行业市场中以园区、政府为主的绝大多数资源。数量更多的中小环保企业作为环保管家服务的对象则以小型园区、街道或者企业为主，甚至有以“环保管家”名义开展例如竣工环保验收、应急预案、工程设计等专项环保咨询业务的情况。在服务类型上，多数是政府牵头引进第三方环保管家服务机构，以企业为服务对象的综合性环保管家案例较少。

4.1.2 服务供需矛盾有待解决

“环保管家”服务作为一种综合性、专业性和系统性的新型环保服务，从环保技术服务的需求方来看，通常其会要求服务提供商能够提供全面、优质、高效、专业同时又经济的环保技术服务；反过来，从环保服务供应商角度分析，其通常会在满足服务需求的条件下，尽可能地降低工作成本，从而实现最大的经营利润。一方面，技术需求方想在花费最少的情况下，取得最大的工作成效。在实际工作中经常会出现技术需求方一边要求服务供应商派出更多的专业技术人员，提出驻场要求，同时又不愿意支付更多的服务报酬。另一方面，服务供应商在有限的工作经费下只能尽可能地压缩工作成本，减少工作时间和人力。这就导致了供需双方不太容易达成一致意见。

服务供需关系的不平衡，来源于供需双方对服务内容价值的不同认知。这种差异一定程度上，也体现在部分企事业单位对环保工作、落实环境责任存在侥幸心理，缺乏环境保护的自我意识。一些需求方总以为环保是为了应付上级检查，认为环境咨询或评估只是文字编制，不尊重知识和技术，未能适应时代潮流，不积极引入先进环保管理、治理模式，不主动提升环境保护、污染治理的能力。不过另一方面，也确实有些服务机构羸弱的综合服务能力和低效的工作方式，戕害了公众对“环保管家”这一服务模式的信任，使其含金量降低。这也是值得从业者反思和警惕的。

4.1.3 服务内容同质化严重，服务水平良莠不齐

“环保管家”起初的定义为“向园区提供监测、监理、环保设施建设运营、污染治理等一体化环保服务和解决方案的第三方专业环保服务公司”，但在实际业务开展过程中，模式仍然以咨询类为主，同质化严重，能够将环保设施建设运营、污染治理、国家热点环保政策导向等内容全部融入环保管家服务内容的案例凤毛麟角。

这一局面的形成跟供需双方的现实情况密不可分。首先，从服务供应方来看，相当一部分是随着环评改革深化、为适应环境服务市场变化而转型的原环评机构和从业者。这类环保管家服务单位在环境咨询业务方面的资质完备，业绩成果积累深厚，具有较好的市场认可度，在转型后主观上自然倾向于以自身优势项咨询类业务作为“基本盘”，以专业性快速赢得需

求方业主的信任。客观上，一部分第三方服务机构不具备专业性，综合能力较弱，在未充分理解管家服务内涵和需求方的期望的情况下，急于求成地进行业务转型，导致整个行业市场鱼龙混杂、服务水平参差不齐，在服务过程中又无法为甲方提供约定的系统性服务内容。

而从需求方角度，作为企业，追求经营利润是其天然特性，因此往往只关注项目前期、运营或者某一阶段的服务。例如，在建企业聘请环保管家专注竣工环境保护验收和排污许可证申领以便顺利投产运行，在产企业为确保在线设施稳定达标，避免处罚，或者减少异味、扰民投诉事件，委托环保管家进行设备运维、污染溯源。被动式的环保提升需求，使得以全生命周期、综合性服务为初衷的环保管家服务在实际工作中沦为“环保短工”“专职应急”，不利于工作系统性的延伸发展，环保服务的创新性被扼制。作为园区，在项目采购方面受到程序和条件的限制，在实际过程中也倾向于将一体化的环保服务拆分采购，以实现风险分散、程序合规。

4.1.4 制度及体系不健全

环保管家行业制度及体系不健全的情况具体体现在以下几个方面。

1. 准入、退出机制不健全

环保服务行业是典型的政策驱动型行业，与环保政策息息相关。自从2016年“环保管家”概念被正式提出以来，国家和地方生态环境主管部门相继发布关于推进环境污染第三方治理的实施意见或方案，鼓励供给侧改革，发展第三方治理服务。但对于环保管家却没有明确的法律法规和规范性文件。尽管我们在前文回顾了管家服务现有的服务类标准及服务能力认证，但由于这些标准主要来自团体或协会，在权威性和普适性上仍有欠缺。

严格来说，环保管家服务没有运营资质认证要求，环保管家服务企业准入门槛较低，环保管家服务的需求方对服务提供方的资质鉴别存在难度。对于综合能力强、业务出众的环保服务企业或研究院所来说，管家服务市场的壮大，将直接为企业带来利益，促进企业发展，需求方的选择也更具备保障。但是部分实力较弱的小型环保公司，急于在市场转型过程中分一杯羹，甚至可能利用不正当手段来获取市场，比如恶意低价竞标、低价抢占市场，或者假以“环保管家”之名先“忽悠”管家服务需求方，再将具体的服务转包、分包，降低了服务水平和质量，甚至造成责任纠纷。准入、退出机制的缺失，容易造成部分不合格企业肆无忌惮，对整个市场造成负面影响，出现“劣币驱逐良币”的现象，制约该项综合性技术服务的普及推广。

降低生态环境技术服务行业的准入门槛、促进生态环境技术服务市场全面开放，本意是使政府这只“看得见的手”远离环保产业市场，由市场机制决定生态环境技术服务主体的生存状态，是国家行政职能“放管服”改革的体现。

但是环保管家服务从技术角度来看，是具备门槛的，服务单位需要配备一定数量的专业技术人员，具备必要的专项设计评估能力。这样管家服务的需求方才愿意、放心把环境管理等服务工作交由环保管家服务企业，实现效率最大化。完全丧失准入门槛，造成市场乱象，社会资源无法实现优化配置，跟“放管服”的初衷也是背道而驰的。

除去准入机制，合理完善环保管家行业的退出机制也是十分必要的。服务企业的服务水平、成绩好坏应该直接影响其绩效评价和薪酬计算。目前我们的环保管家模式缺乏与之相配套的退出机制标准、规范。对于环保管家服务效果没有统一的、明确的评价标准和法规依据，这将阻碍环保管家模式在工业园区的推行。

2. 购买机制不健全

环保管家服务购买机制不足，存在逆向选择风险。逆向选择是指由于交易双方信息不对称和市场价格下降产生的劣质品驱逐优质品，导致市场交易产品平均质量下降的现象。逆向选择将导致公共服务质量低劣和生产效率低下，背离了公共服务合同外包的初衷。

一些管家服务需求方在项目征集过程中，没有对供应方工作方案、技术能力进行充分的系统性研究分析，使得园区或企业购买的环保管家服务内容不清晰、服务技能能力不具体。服务提供方为了竞争成功，通过采取不正当竞争的方式，比如夸大自身公司实力、隐藏自身技术不足等不利信息，使对方在信息不对称的情况下完成服务购买。

环保管家服务购买机制的不健全，容易形成缺乏充分竞争的风险。一些园区在购买环保管家服务过程中，为了简化采购程序，采用邀标形式进行竞争磋商。这种模式下，环保管家服务的供应方选择范围存在一定局限性，通过渠道获得推荐的管家服务供应方可能与推荐方存在某种程度的合作，形成变相的垄断。在缺乏充分竞争和变相垄断条件下，服务采购方因为信息不对称，被蒙在鼓里，可能错失了真正适合自身、具有实力的供应方。

此外，以政府采购形式征集的项目，需要经过内部上会立项、网上公示、正式征集等流程。在前期项目意向阶段，负责采购流程的园区工作人员或者招标代理单位的身份和权力可以直接影响政府采购的条件、评分标准。某一服务提供方可以提前与园区采购负责人或上层领导对接，在竞标过程中串标、围标而揽得项目。这种行为造成的地方保护主义、行政垄断，使其他服务提供方公平竞争权益受到损害，导致腐败发生。倘若实际中标单位自身实力不济，则会严重影响环保管家服务的质量和水平，园区管理方和园区企业都会成为最终的利益受害者。

3. 评估、监管机制不健全

事实上，正如我们在前文中所介绍的，目前国内已经有多个省份出台了第三方环境综合服务或环保管家服务标准，部分“标准”包含了绩效考核、薪金评估等内容，一定程度上规范了环保服务的内容和程序。但除了个别省份出台了有环保主管部门参与制定或发表的地方标准，其他标准均为团体标准。团体标准不具备强制执行力，适合本行业从业人员或园区主管部门工作人员学习参考，主要在协会内部约定执行，在省内的认可度也难以保证，其“全省首例”的意义甚至大于其实际指导意义。缺乏科学的、规范的评估指标不利于环保管家模式的调整与成长，从而影响环保管家模式的推广，也不利于园区对环保管家模式效果进行评价和对园区相关企业进行监管。

部分环保管家服务提供方为追寻利益最大化，心存侥幸心理，可能在环保管家服务期间“偷工减料”。例如，临时更换驻场人员，减少中高级职称技术人员；在合同约定的服务内容上打“擦边球”，玩“文字游戏”；因技术水平受限，对业主的环境咨询问题选择性回答，对诉求敷衍应付，最终导致环保管家服务质量无法保证，侵害需求方的利益。

企业环保管家服务的效果评价由被服务的企业和提供服务的环保管家企业商议，最后确定服务绩效并支付薪金。但对于园区环保管家而言，尽管园区管委会是购买环保管家服务的主体，但园区内的所有企业其实都是被服务的对象。实际案例中，园区环保管家的服务质量效果评估基本由管委会全权负责。由于评估主体缺乏多元性，再加之如果出现前文提及的“行政垄断”，园区管委会与服务方存在“利益合作”等不正当关系，即无法确保评估结果客观、公正、公平。

针对环保管家的第三方培训也是乱象丛生。首先是主管或牵头核发环保管家证书的部门尚不明确，培训机构和培训核发证书的单位杂乱无章，各省市地区对应的培训机构及核发单位不尽一致。培训多由各地环保产业协会举办，培训费用差距较大，存在区别对待会员与非会员收取培训费用的现象。所谓培训证书仅为“已参加某某环保管家培训，经考核成绩合格”，且核发证书的机构多数为学会、协会等社会团体组织，证书的权威性及行业认可度尚待商榷。

4. 信息公开、公众监督机制不健全

随着公众环保意识的提高、我国环保法律法规的完善，减少园区及工业企业对周边居民的影响，有效降低信访举报和环境督察事件，是工业园区必须要面对的一大难题。企业与环保管家合作模式下，基本不存在信息公开的要求，所谓监督机制也只包含在供需双方针对商业合同的评估中。但以工业园区为服务对象的环保管家服务则不同，如果园区环境管理信息公开程度不高，甚至于“零公开”的话，长久以往，随着社会公众对园区环境管理工作关注的提高，园区管委会的公信力会降低。

园区是地方上的环境保护重点区域，园区管委会公信力降低会直接影响当地政府环境保护管理工作的社会公信力和影响力。园区在推行环保管家模式过程中主要是自我决策和自我监督，没有发动园区企业以及社会公众参与，这容易产生园区需求和园区企业、社会公众的需求不符等问题。

园区环境管理方可通过公开园区环境管理状况信息、环保管家服务开展情况，赋予园区企业以及社会公众对园区环境保护事务和保护信息的知情权与参与权，可将园区企业以及社会公众的环保热情转化为环境保护工作的推动力。一方面，园区可以动态化了解园区企业以及社会大众对于环境管理工作的现实需要，根据需求反馈调整、弥补环保管家模式的不足之处，进一步提升环保管家模式的管理服务效能；另一方面，切实有效的监督可以为环保管家模式的有序推进保驾护航，利用园区企业以及社会公众对切身环境保护利益的维护，从而督促环保管家服务提供方认真履行与园区签订的服务契约，为园区环境管理效果和服务质量提供保障。

4.2　发展潜在风险

4.2.1　管家服务知识产权风险

环保服务企业是科技型、服务型企业，知识产权不仅能够让企业将“知识”变现为“资本”，也能为企业加速发展赋能，是环保服务企业软硬实力的体现。在日益激烈的市场竞争中，“守”天下更需依靠企业对知识产权进行长期的保护、运营和管理。然而环保管家的知识产权保护现状是不容乐观的，虽然近些年环境治理领域的原创技术呈现高速增长态势，但是低质模仿和恶性竞争现象也比较普遍，企业对自身的知识产权保护力度不足，就会经常出现侵权与被侵权现象，因此环保管家侵害知识产权案件时有发生。

根据某律所发布的《环保管家服务行业法律分析报告》，截止到2021年4月7日，我国环保科技服务型企业知识产权争议案例共2 931件，其中知识产权权属、侵权纠纷1 927件，占比65.75%；知识产权合同纠纷806件，占比27.50%；不正当竞争纠纷130件，占比4.44%。通过数据可以看出，知识产权权属、侵权纠纷是环保科技服务型企业经营中最常见的纠纷，而此类案件通常由于侵权损失举证困难，导致判赔率较低。知识产权合同纠纷也是环保科技服务产业领域容易引发诉讼的纠纷。这方面纠纷主要是在与服务企业就环保技术开发、环保技术咨询、环保技术转让等方面签订合同时，由合同内容约定不明、权利义务设置不合理等原因造成的。

针对知识产权合同纠纷，环保服务企业需要树立法务意识，依法严格签订合同。有些中小企业，内部质量审核和合同审批流程形同虚设，为追求承接业务的效率，心存侥幸心理，真遇到合同纠纷问题时，只能是得不偿失。在签署合同之前，需要仔细阅读合同的所有条款和条件，确保对其中每一项都有清晰的理解，尤其是涉及付款、交付、解约和违约责任等方面的条款，必要时咨询专业法务人员。合同中，需要清晰定义各方责任，确保合同中明确规定各方的责任和义务，确保每个参与方都清楚自己的责任范围，并在合同中明确说明各方的角色和职责，以避免后续的争议和纠纷。在合同中明确细化关键事件节点和要求，确保各方都了解并同意时间限制，以确保项目或交易按时进行。最后，为应对不可预见的特殊情况，需要明确解决争议的方式和程序，包括仲裁、调解或诉讼等途径。明确规定适用的法律和管辖权，以及仲裁机构或法院的选择。事先制定明确的解决争议方式，可以减少纠纷的发生，并在发生争议时提供有效的解决途径。

针对知识产权权属、侵权纠纷的预防，主要通过及时申请注册知识产权来解决，如申请商标、专利、文献著作权等。但事实上，即便申请注册了这类知识产权，仍然具有被侵权的法律风险。以专利为例，“专利”的最初含义为“独专其利”，初期“专利”产生的雏形便是以自身发明创造为基础的专营特权。专利权与商业秘密并不相同，专利权的关键特征是公开性，一切形式的专利发明均需要完全对外公开。一旦专利申请授权后，所有人都可以阅读该专利文件，知晓该专利技术。效仿他人专利发明或者运用别人专利技术进行小范围的经营活动，都是常见的侵犯专利权的行为。所以，环保产业知识产权的保护是一项系统工程，需要多种保护方式并用，构筑全面的保护网络。必须加快规范性文件的出台和实施，制定和完善环保产业知识产权管理体制，促进知识产权管理的规范化，加强维护知识产权的能力，为环保产业知识产权的保护提供有力的法律保障。

科研项目、专利技术，尚可依靠知识产权的申请注册制度起到一定的保护作用，但对于项目报告书、技术评估方案、工程设计资料等横向类型的环境咨询成果，企业在“保护”上就力不从心了。这类技术成果，一旦被公众或同行获取，则在一定程度上可以通过模板形式进行低质模仿，而且很难通过知识产权的定义来进行保护，如果在合同中明确双方对其进行保密，能相对有效地规避这类风险。对此，环保服务公司只能加强内部质量审核和内控资料管理，在人员管理上要做好商业机密保护和竞业条款的约束。

4.2.2 环境违法责任划分

在环保行政执法愈加严格的形势下，出现环境污染纠纷或环境违法行为时，排污单位往往会依据委托治理合同将污染责任推给环保管家，以第三方过错作为污染企业免于行政处罚的抗辩理由，或者是依据合同条款将行政处罚的责任最终转嫁到第三方。

环保管家制度的引入打破了传统的由污染者负担环境治理的责任体系，但是对污染者与治理者的责任如何分配仍缺乏明确的指引。虽然根据有关法律法规以及双方的污染治理合同，如治理效果不符合标准要由谁来承担合同违约责任没有争议，对环评和监测过程中弄虚作假应当由谁来承担公法责任也没有争议，但是对于治理效果没有达到监管标准、技术评估文件出现漏洞造成的生态环境破坏的公法责任由谁承担是存在争议的，这也是环保管家行业最为敏感和需要关注的法律风险点。

关于环境违法责任划分方面存在的风险，这一点已经不限于环保管家，而是整个第三方环境服务行业需要考虑的难题，这里可以借助环境污染第三方治理行业的现实情况来加深读者的理解。原环境保护部于 2017 年 8 月发布《关于推进环境污染第三方治理的实施意见》，明确了第三方治理的责任界定。该意见指出，第三方治理单位应按有关法律法规和标准及合同要求，承担相应的法律责任和合同约定的责任。第三方治理单位在有关环境服务活动中弄虚作假，对造成的环境污染和生态破坏负有责任的，除依照有关法律法规规定予以处罚外，还应当与造成环境污染和生态破坏的其他责任者承担连带责任。该意见中的解释，表明了环境违法行为发生的情况下，排污主体和第三方治理单位均需要承担法律责任，但是并未对承担责任的标准、责任类型及责任范围等一系列问题进行明确的解答。

参照已有的实际案例，① 有些法院判决主张第三方治理主体只需要遵守合同约定，承担约定的责任即可，即环境服务合同属于民事性质，民事约定不能改变污染企业排污的客观事实，在现行法律法规没有明确规定的前提下，环境服务合同不能作为排污行为主体行政、刑事责任界定和转移的依据，法律层面治污义务主体仍然是排污企业；② 有些判决主张第三方治污主体应作为独立的治污主体承担责任。在环保管家或者第三方介入治污的情形下，依然机械地将排污企业作为治污义务主体，会使得对治污第三方的行政监管处于公法管理范围之外，一些环保管家会在治污合同中恶意增加免责条款，钻法律漏洞，逃避责任，将部分责任转嫁给排污企业，从而引发不可预知的生态环境损害风险。

环境污染责任界定不当，不仅会造成制度不公，而且将打击环保市场的买方需求，直接阻碍环保管家乃至环境服务第三方治理行业的发展。只有规范和明确相关责任划分，才能保证环保市场在提供给企业自由、灵活发展环境的同时不失有序、稳定。

4.2.3　行政决策影响风险

环保管家这一行业，是应势而生的产业，从诞生到发展始终离不开国家政策文件的支持。对于服务内容包含环保工程治理、智慧化平台研发等硬件工程类的管家服务工作，其前期的研发、资金投入较大，且往往在短期内无法获得明显收益回报。因此政府的宏观政策和具体管理引导就极为重要，会直接影响到第三方环境服务业的产业布局和政策资金扶持力度。

近几年，环保管家大多依托原有的环境服务企业的基础组建而成，尚未发展成规模化的成熟产业，抗风险能力差、资金不足、融资能力弱是普遍性问题，急需大量的资金支持。政策频繁发布的大环境下，环保措施力度日益加大，排污标准日益严格，任何政策面的风吹草动都会对环保管家这一新兴产业造成较大影响。

环保管家发展资金上的不足，一方面受政府资金支持不足的影响，另一方面受我国目前的经济政策的影响。中小企业难以通过发行股票和债券进行融资，且缺少有效的贷款担保机制，难以获得银行的贷款支持，再加上环境服务融资项目的复杂性、投资周期长、效益回报慢等因素，民间投资意愿不强，使环保管家的发展受到了很大的限制。

5

环保管家发展建议与未来展望

5.1 发展建议

5.1.1 完善制度体系

1. 完善准入退出机制

受生态环境部相关政策的指引，环保管家这一新兴产业在市场上被发掘出巨大的经济价值，环保管家培训班迅速成为了各协会、学会等社会团体组织谋取利益的风口。现有的环保管家第三方评价标准主要为环保产业协会发布的团体标准，在权威性和行业认可度上仍有欠缺。为规划环保管家准入、退出机制，有序维护市场秩序，需要政府的介入，亟需明确环保管家服务的主管、监督部门。应由政府部门制定环保管家服务能力要求，或以法规的形式明确规定，筛选出具备代表性、权威性的行业社会技术团体对第三方服务单位进行环保管家服务资格认证。

首先，由于环保管家服务模式对专业技术水平要求较高，针对管家服务公司及从业人员，需要设置一定的准入门槛。例如通过设定一定的评估机制，量化公司规模、注册资本、专业技术人员数量、技术人才职称等级、技术发明与科研水平、类似环保管家的综合环境服务项目业绩等指标，同时参考地区和服务领域的差异性，最终对从业公司建立评价体系。

由于环保管家服务具有多方位、多层次、多角度的特性，要允许和鼓励多种服务模式、服务形式、服务内容的并存和发展，使其与市场需求相结合，否则将不利于环保管家服务行业进步和完善，更不利于其服务的创新与发展。因此政府在介入过程中，应该避免“一刀切”的完全标准化、统一化，探索符合国家“放管服”精神的机制模式。例如可以不将评定等级将作为市场的准入门槛，但可以规定建议性的等级执业范围。通过建议的模式，形成环保管家服务政府推荐名单。名单实行动态化管理，每年根据制定的指标要素增补并更新，并通过网站等向全社会公布。

其次，对于获得环保管家服务等级的机构，政府应研究制订等级有效期内对环保管家服务机构的管理办法。例如要求环保管家服务机构的负责人、从业人员参加继续教育、职业培训，根据学习积分情况维护机构等级，持续推动环保管家服务机构对从业人员的技能保持和提升。针对已取得等级的环保管家服务机构，实行信用考核机制。对服务效果不好、技术能力不高的环保管家服务机构采取降低等级的措施。将通过虚假手段获取服务等级，主导或协助企业通过违法手段规避环保监管，被生态环境部或环保主管部门处罚、通报批评等存在违法违规行为的环保管家机构记入环保信用档案，将其列入信用档案中的“黑名单”，并禁止其今后进入到环保管家服务领域。环保管家服务机构环保信用档案和违法、违规处理结果可定期通过政府相关部门网站等形式向公众公布，以起到警示和规范行业行为的作用。

2. 完善购买机制

公共服务购买过程中普遍存在逆向选择风险和道德风险。逆向选择风险来自于事前的信息不对称，而道德风险则来自于事后的信息不对称，本质上二者都是由双方存在信息和利益的差异性导致的代理问题，只有建立完善的环保管家服务购买机制，才能杜绝购买过程中的逆向选择风险和道德风险，使园区获得符合自身需求的高品质环保管家服务。

杜绝环保管家服务购买过程中的逆向选择风险和道德风险，关键在于服务的采购方。一是园区在购买环保管家服务前应开展可行性研究，建立健全环保管家服务需求调研机制，通过多渠道，包括座谈会、网站、报纸、社交平台等方式采集公众意见，了解各方的真实需求，对各方的意见进行综合考量，并在服务购买过程中进行不间断的反馈收集。二是规范购买程序，避免行政垄断和地方保护主义。在服务需求明确、服务内容清楚、服务成本可预估、符合要求的环保管家服务机构数量较多的情况下，尽可能地执行强制招标制度。通过竞争性的购买方式尽可能地用最低的购买成本找到最优秀的合作伙伴。

3. 完善评估机制

园区或企业购买环保管家服务，想要达到的最终效果是使环保管家服务可以满足需求方提升环境管理水平、降低或解决环境隐患的需求。由于环保管家服务提供方本质上也属于“经纪人”，所以存在使用不正当手段谋求利益的可能，最终影响环保管家服务的供给质量。

完善评估机制的逻辑思路归根结底还是解决“谁来评估、怎么评估”的问题。为体现工作权威性和规范性，评估仍然需要政府进行主导。首先，设定合理的评价指标。按照引入环保管家服务前可行性研究确定的环保管家服务需求，对环保管家服务涉及的服务数量、服务质量、服务效率等多方面因素设定可操作的、可量化的、符合实际情况的科学指标。其次，建立“政府-企业-第三方-公众”四位一体的服务评价监督体系。在环保管家服务期间，对环保管家服务机构现场排查工作数量、质量，培训次数，隐患排查情况等开展评估工作，实现多主体、多角度参与评估体系构建。服务需求方可集中评估情况，并及时反馈给环保管家服务机构，促进其及时调整不足之处，确保服务质量。同时，可将评估结果与奖惩挂钩的责任要求体现在服务合同内，按照评估情况完成相应的薪金支付。

4. 完善信息公开、公众监督机制

公开园区推行环保管家模式的有关信息、自觉接受公众的监督，是园区管理部门的责任。通过信息公开，公众可以对园区环保管家模式推行全过程进行制约和监督，一定程度上可避免服务购买及执行过程中暗箱操作、包庇违法、违约失信等行为，确保公众的环境保护权益不受侵害，有助于提升政府形象和公信力。为完善信息公开，落实公众监督，可以采取以下措施。

一是完善环保管家服务购买过程的信息公开。结合前文的建议，在项目购买意向阶段，通过政府网站、报纸、纸质公示、官方媒体或社交平台等方式进行发布，加大对环保管家的宣传力度，对管家服务的意义、目的以及引进管家服务对园区企业和公众环境利益的影响等内容进行分享，提高企业及公众对该项服务的认可度和认知感。购买过程中，设置电子邮箱、热线电话、微博留言等方式获取园区企业以及社会公众的反馈，吸取好的建议意见，接受公众监督。

二要落实公众对园区环境管理、环保管家服务内容和进展的知情权。对于园区企业来说，环保管家最实际的作用即帮助企业发现环境问题并完成整改。将企业环境问题及整改情况向社会公众公布，有助于利用公共资源督促企业重视环境问题、落实问题整改。同时可以确保公众的知情权，消除由企业环境问题的“信息不对称”而引起的公众恐慌和园区管理公信力的下降。

5. 完善环保法律法规

正如环境执法要做到有法可依、政策先行，环保管家在服务过程中，为充分体现专业性，也需要完善的法律、法规、政策作为抓手，如果连整改要求都拿不出站得住脚的依据和来源，又谈何排查问题呢？此处，结合笔者的从业经验分享两则现场服务案例，便于读者探讨。

1）排气筒高度

排气筒高度指的是“自排气筒（或其主体建筑构造）所在的地平面至排气筒出口计的高度”。《大气污染物综合排放标准》（GB 16297—1996）、《锅炉大气污染物排放标准》（GB 13271—2014）分别规定了排气筒高度应高出周围 200 m 半径范围的建筑 5 m 以上、3 m 以上，否则排放速率按标准值严格 50%执行。但“高出周围建筑”的概念如何定义，相信会困扰很多排查现场环境的从业者。首先，排气筒算不算“周边建筑”？如果算，那以工业集中区为例，本身企业密度较高，如果引入一家新入区企业，周边范围的企业为满足上述标准要求，是不是只能通过继续加高排气筒，或者从严执行排放速率标准才能合法合规？

如果揣测本条标准的意图，进而来分析，排气筒应该是不算作“周边建筑”的。排气筒高度影响烟气扩散，对周边是否存在建筑物提出要求，主要是考虑这些建筑是否会妨碍大气污染物扩散，所以高度较大但是形体细长的如排气筒、无线基站信号塔、电力塔架，对扩散影响不大，可能可不视为建筑。但该判断并未经过官方答复肯定，仅供参考。

而在 2021 年和 2022 年发布的江苏省地方标准《大气污染物综合排放标准》（DB32/4041—2021）、《锅炉大气污染物排放标准》（DB32/4385—2022）仅对排气筒的高度提出要求，且主要依据环境影响评价文件来确定，同时不再包含“高出周围建筑”的概念。根据地标优先于国标的原则，江苏省省内不再受上述问题的困扰。部分污染物排放标准对排气筒高度的要求见表 5.1.1。

表 5.1.1 部分污染物排放标准对排气筒高度的要求

序号	标准名称	排气筒高度要求
1	《大气污染物综合排放标准》(GB 16297—1996)	1. 排气筒高度应高出周围 200 m 半径范围的建筑 5 m 以上，否则排放速率按标准值严格 50%执行； 2. 新建排气筒一般不应低于 15 m，否则排放速率按标准值严格 50%执行
2	《大气污染物综合排放标准》(DB32/4041—2021)	排放光气、氰化氢和氯气的排气筒高度不低于 25 m，其他排气筒高度不低于 15 m（因安全考虑或有特殊工艺要求的除外），具体高度以及与周围建筑物的相对高度关系应根据环境影响评价文件确定。新建污染源的排气筒必须低于 15 m 时，其最高允许排放速率按表 1 所列排放速率限值的 50%执行
3	《锅炉大气污染物排放标准》(GB 13271—2014)	1. 各种工业炉窑烟囱（或排气筒）最低允许高度为 15m，且还应按批准的环境影响报告书要求确定； 2. 须高于半径 200 m 范围内最高建筑物 3 m 以上，否则排放速率按标准值严格 50%执行；
4	《锅炉大气污染物排放标准》(DB32/4385—2022)	燃生物质锅炉烟囱高度（从烟囱或锅炉房所在的地平面至烟囱出口的高度）应根据锅炉房装机总容量，按表 2 规定执行，燃油、燃气锅炉烟囱不低于 8 m，锅炉烟囱的具体高度按批复的环境影响评价文件确定
5	《工业炉窑大气污染物排放标准》(GB 9078—1996)	1. 燃气、轻柴油、煤油锅炉烟囱最低高度不得低于 8 m； 2. 须高于半径 200 m 范围内最高建筑物 3 m 以上，否则排放速率按标准值严格 50%执行
6	《危险废物焚烧污染控制标准》(GB 18484—2020)	必须高于半径 200 m 范围内最高建筑物 5 m 以上
7	《恶臭污染物排放标准》(GB 14554—1993)	排气筒最低高度不得低于 15m

2）水性涂料废气

为落实国务院“放管服”改革，优化营商环境，提高科学性、可操作性，生态环境部出台了《建设项目环境影响评价分类管理名录（2021 年版）》，该名录体现了宜简则简的修订思路，以木材加工制品业为例，年用非溶剂型（即水性）低 VOCs 含量涂料 10 t 以下的项目已经不需要进行环评审批。不过审批制度上的简化，并不代表在产过程中的环保管理要求降低。那么低挥发性水性涂料是否需要安装治理设施呢？

2019 年 6 月，生态环境部印发《重点行业挥发性有机物综合治理方案》，该方案指出："使用的原辅材料 VOCs 含量（质量比）低于 10%的工序，可不要求采取无组织排放收集措施。"根据该方案中的释义，对于水性涂料而言，满足 VOCs 含量（质量比）低于 10%要求的并不少见。

时隔一年，生态环境部印发《2020 年挥发性有机物治理攻坚方案》，再次提及上述要求，其表述含义无明显区别。2019 年 7 月，《挥发性有机物无组织排放控制标准》（GB 37822—2019）正式实施，该标准指出，VOCs 质量占比大于等于 10%的含 VOCs 产品，其使用过程应采用密闭设备或在密闭空间内操作，且需要对过程中的 VOCs 废气收集处理。但是对于"低于 10%（质量比）的含 VOCs 产品"在使用过程中是否需要对废气进行收集处理，该标准并未明确提及。

通过进一步查阅资料，笔者发现，广东省生态环境厅在网站公开信息的相关内容问询中引用《重点行业挥发性有机物综合治理方案》对此类问题进行了回复，明确"可不要求采取无组织排放收集措施"。

环保管家作为工业园区环境管理的第三方技术支持单位，在日常环境管理中，陪同园区主管部门、区县生态环境局执法部门检查企业的情况时有发生。作为环境执法队伍，其执法和处罚依据是"法"。而《中华人民共和国大气污染防治法》（2018 年修正）第四十五条指出："产生含挥发性有机物废气的生产和服务活动，应当在密闭空间或者设备中进行，并按照规定安装、使用污染防治设施；无法密闭的，应当采取措施减少废气排放。"第一百零八条更是明确规定了违反该规定的相应处罚标准。倘若在陪同执法过程中，环境执法部门以"涉 VOCs 场所未密闭或者密闭不严"为由，对涉及水性涂料的木材加工、机械加工等企业进行处罚，环保管家又该如何表态？或者说，环保管家在协助工业园区环保主管部门进行日常环境管理中，又该如何平衡上述环保法律、法规与政策之间的要求？

笔者分享上述案例，并不是为了指责现有部分污染物排放标准或环保政策、法规不合理或者不近人情，也不是想说明各地区环保法律、法规体系的差异。只是想传达一个信息：环保法律、法规的进步和完善将直接影响从业者的现场判断，为环境诊断提供必要抓手和依据，这能使得环保执法、管理者在现场工作中更从容，也有助于提高企业对环境工作者的认可、对政府工作的信任。

5.1.2 提升服务主体综合水平

环保管家服务是多方位、多层次、多角度的，其本质是以问题为导向和需求为核心的环境综合服务。在环境产业迅速发展的宏大背景下，环境服务内容需求不断被细化。为应对环境服务“同质化”的挑战，提升企业自身的不可替代性，在特定区域和领域里做到“要么第一，要么唯一”的差异化服务将逐步成为环保管家服务的核心竞争力。

提供稳定可靠、定制化的优质服务，需要第三方环保服务公司在服务过程中具备综合性的、专业化的服务技能。而现实中，由于相当一部分环保管家从业者、机构来源于环评改革或环境服务行业的转型，其在环保管家这一概念提出之前专注于环保行业某一板块。在市场开拓过程中，其缺乏一定的发展规划，“本能”地进一步发展长板业务，从而导致转型后的从业人员知识技能、项目经验单一，限制了服务主体的综合能力提升。参照市场上部分已开展的环保管家案例，对于特定的某一环保管家合同来说，履行合约内容，做好环保管家服务工作可能并不需要服务机构具备过硬的综合能力。就好比走一段路，脚底下踩实的台阶或者砖块可能永远是那几块，但如果只剩下这几节台阶或砖块，要怎么让人安心地走完这段路程呢？对于环保管家从业机构，只有提升自身的综合能力、服务水平，才能更好地适应市场优胜劣汰的法则，更好地为园区和企业做好技术服务，才能在这条“道路”上越走越远，越走越稳。

环保管家工作的基础力量是服务机构的从业人员，“专业人做专业事”的核心在于综合素质的体现。一方面要求从业人员具备丰富的知识、技能储备，包括专业知识，对最新的国家、省市相关环保政策、法律法规的学习和解读，对环保产业发展现状、污染防治技术、设备调试运维等的理解和熟悉。另一方面，为了适应市场需求和竞争，从业人员还要具备系统性解决甲方环保问题的工作思路、善于应变的临场反应和调整能力。作为服务机构，要加大人才队伍的建设力度，“走出去，请进来”，注重人才培训和专家授课，有条件的应该与高校科研院所加强合作，开展相关环保技术研发并注重环保技术成果的转化。

不同园区、企业在寻求“环保管家”服务时所面临的问题和诉求具有很大的差异性，这就要求了“环保管家”服务绝不能像传统的环境咨询服务那样去套用固定模式。为此，作为服务机构，要通过减少无效和低端供给，扩大中高端服务的有效性；通过差异化的资源配置，提升全要素服务的针对性；通过对环境问题有效和高效的解决，打造服务的可靠性；通过新技术、新手段的应用，提高服务的科学性。

5.1.3 财政资金激励

2014年，国务院办公厅发布的《国务院办公厅关于推行环境污染第三方治理的意见》（国办发〔2014〕69号）中提出，对于符合条件的第三方治理项目给予适当的财政金融补贴和奖励。但政府在金融、税收等方面提供的优惠门槛较高，我国的环境服务企业以中小企业和民营企业为主，很多企业难以触及优惠门槛，在向金融企业融资的过程中也存在融资难、融资贵的情况。我国目前环保相关的金融体系还不够完善，导致政府和民间的投资不够充足，限制了环保管家的发展，应尽快建立完整的环保金融体系，如设置国家层面的引导基金和地方政府主导的产业基金，健全环保基金的具体运行管理模式。环保管家是典型的政策驱动型产业，政府应当在融资、贷款等财政上给予企业倾斜和支持，一方面要避免以直接补贴为主的低效财政方式，另一方面要提高社会资金的参与积极性，并且运用市场化的运作方式提高财政资金的使用效率。通过贴息、专项保证金的形式推动银行为环境服务企业提供低息贷款，针对中小环境服务企业给予贷款财政补贴，大力发展绿色债券、绿色信贷和绿色基金，借助市场的力量，加强行业的监督管理能力，并提升“环保管家”类服务咨询公司管理的效率和水平，激发环保市场活力。

5.1.4 强化管家服务技术延伸

传统的环保体系往往更注重污染的排放和治理，将重心放在了各项污染控制的规范及排放标准上，而忽略了环保产业其他方面的规范，应当对应环保产业链中的环保设备、材料、服务和管理逐步构建标准体系。

环保管家应当对管理进行溯源，从以末端性服务为主逐渐过渡到以源头性、全过程服务为主，从具体的治理管理向全面综合的资源整合、生态开发利用辐射。另外，环保管家的应用领域不应当受限于第二产业，应积极探索第一、第三产业的途径，将环保产业向第一、第三产业领域延伸，例如尚未解决的农村生活污水治理、农业面源污染等。再如在第三产业领域开展战略环境影响评价，对可能产生环境影响的金融投资、贷款资助、政策计划、区域开发等进行环境评估、管理及服务。

环保管家需要紧跟国家政策和发展导向。以“双碳”目标的大背景为例，随着碳达峰、碳中和等国家重大战略决策的提出，生态环境保护也从污染物减排走向减污降碳协同增效，以污染治理及设施运营为核心的环境服务业也向着综合化、低碳化升级与转型。在新生态环境保护政策引领下，提供“碳管家”服务是“环保管家”升级的重要方面。通过与用户签订碳资产管理合同，环保服务公司为用户提供碳减排解决方案、新技术及新合作模式、碳减排交易、安全及操作风险四大方面的支持服务，探索项目减排增效的途径，并通过分享低碳效益方式回收投资和获得合理利润。

5.2　未来展望

1. 服务对象、模式多元化发展

环保管家提供的服务是全过程、全方位的综合性服务，要求服务企业必须具备专业、全面的服务技能，所以对于环保管家服务企业来说，要转变思想，改变当前单一的服务模式，通过资源整合，构建综合性服务体系，并从专项服务的内容出发调整服务团队，不断完善环保管家所提供的服务，全面提高服务质量。

作为环保管家服务机构，提升自身的综合能力也要求紧跟最新的环保政策，认真研究国内外经济形势和环保产业发展趋势，对照最新环保要求，丰富业务类型，及时优化发展战略和思路，推动服务对象、探索模式的多元化发展。

2. 打造智慧环保，促进服务智能化

目前环保管家模式的开展仍以线下人工服务为主，投入大量具备环保业务经验的人员支撑线下服务，容易导致服务效率低下、行业资源浪费。而且，大量的人力牵扯，使得机构很难开展其他服务，环保管家“运营成本”高，不利于服务模式的推广复制。

对于环保管家提供的人工服务效率低、涵盖的服务范围小的问题，可以在服务体系中建设智慧管家平台，并引进专业技术与相关专业人才，利用物联网、大数据、互联网等高新技术打造平台，下沉到各项服务中，并将各服务对象的资料录入到信息平台，通过资源共享，对服务对象存在的环保问题及时作出回应，充分调动各类信息与专家团队进行网上“会诊”，并出具专项诊断报告，通过“线上＋线下”的新型服务模式，更好地为服务对象提供动态化、全方位的环保管家服务。

3. 挖潜环境服务社会价值

随着环境治理的不断深化，环境质量将得到极大提高，环境产业将从环境污染治理向环境管理、环境质量改善转变。届时，环境主体自带的价值属性将发挥作用，为社会提供各类服务功能，环保管家将以更低的人力成本、更精细的工艺设计和职能发掘环境的服务属性，如环境美学功能、教育功能和商业功能，从而实现企业的盈利、社会的发展及进步。

6

结语

环保管家作为一种新型环保服务模式，是环境第三方综合服务的延伸，是以生态环境保护相关领域资源调配、整合和优化为基础，以践行绿色发展理念、改善环境质量为核心，以推动形成绿色发展方式和生活方式为目标，以服务对象生态环境保护需求和生态环境问题的有效解决为导向，以菜单式服务和平台化协同为推动力的环境综合服务，对我国现阶段环境保护具有重要现实意义，目前已在国内各地广泛实施，并形成了众多良性成果和典型案例。

作为典型的政策驱动产业，自概念确立以来，环保管家就被社会、行业寄予厚望，广大环保服务从业者积极探索，丰富了其内涵，促进了市场发展、行业进步。但在实际运营过程中，环保管家尚存在较多问题，需要政府、企业、从业者等社会各界共同努力，通过完善制度、拓宽服务类型、利用高新技术等措施，促进服务质量与服务水平的提高，从而推进环保管家的发展，为我国生态文明建设作出积极的贡献。

本书阐述了环保管家理念的背景由来、发展历程，结合现有典型服务案例和笔者从业经历对环保管家服务内容和工作模式进行了分析，探讨了管家服务现阶段存在的主要问题和发展制约，对管家服务未来发展提出了建议和展望，旨在为环保管家服务从业者和爱好者提供参考，为生态文明建设贡献绵薄之力。笔者从业经验有限，书中观点为个人见解，内容难免存在疏漏，恳请各位读者批评指正。

7

参考文献

[1] 易斌，黄滨辉，李宝娟. 砥砺奋进：中国环保产业发展40年[J]. 中国环保产业，2019（1）：13-20.
[2] 郝青俊. 我国工业污染防治指导思想的三个转变[J]. 青海环境，1994（1）：48.
[3] 潘畅，陈俊，周仲恺，等. 环保管家发展现状研究[J]. 环境与发展，2018，30（9）：194-197.
[4] 国务院办公厅. 国务院办公厅关于推行环境污染第三方治理的意见[J]. 绿色财会，2015（3）：34-36.
[5] 靳乐山，李小云，左停. 国外生态环境服务付费案例和经验以及对我国的借鉴[C]//中国环境科学学会2007年生态建设补偿机制与政策设计高级研讨、交流会论文集. 上海，2007：171-176.
[6] 熊佐芳，程海明. 新形势下环保管家服务模式分析[J]. 资源节约与环保，2017（11）：91-92.
[7] 唐然，张卿川. 新形势下环保管家服务模式探索[J]. 北方环境，2017，29（4）：前插11-前插13.
[8] 修艺，黄骏杰. 新形势下环保管家内涵的探讨[J]. 上海环境科学，2018，37（3）：134-135.
[9] 郇庆治. 环境（生态文明）行政管理[J]. 绿色中国：A版，2018（14）：70-73.
[10] 肖微炜. 环保管家服务现状与改革建议[J]. 皮革制作与环保科技，2023，4（3）：152-153.
[11] 李桂萍. 化工企业环保培训迫在眉睫[J]. 科学技术创新，2013（26）：87.
[12] 赵若楠，李艳萍，扈学文，等. 排污许可证制度在环境管理制度体系的新定位[J]. 生态经济，2014，30（12）：137-141.
[13] 徐家良，范笑仙. 制度安排、制度变迁与政府管制限度——对排污许可证制度演变过程的分析[J]. 上海社会科学院学术季刊，2002（1）：13-20.
[14] 董战峰，连超，葛察忠. “十四五”固定污染源排污许可证管理制度改

革研究 [J]. 中国环境管理，2020，12 (2)：28-33.
[15] 余梦宇，陈雨娇，李俊博. 排污许可制度下的“环保管家”服务方案 [J]. 上海船舶运输科学研究所学报，2020，43 (2)：80-85.
[16] 张军. 新形势下工业园区环保管家服务模式——以阿拉善盟某化工园区为例 [J]. 智能城市，2021，7 (24)：112-113.
[17] 郑俊. 工业区日常管理中环保管家实践探析——以上海市某工业区为例 [J]. 区域治理，2020 (12)：172-174.
[18] 田志富，寇思勇. 工业园区环保管家技术服务工作探讨——以河北省某地市国家级高新技术产业开发区为例 [J]. 环境与发展，2017，29 (3)：7-8.
[19] 臧广辉. Q工业园区推行环保管家模式案例研究 [D]. 成都：电子科技大学，2020.
[20] 惠少妮，齐苗强. 环保管家服务实例探索——以山西某热力公司为例 [J]. 节能与环保，2021 (2)：32-33.
[21] 刘建，吴云波，崔小爱. 新形势下“环保管家”服务推广应用制约因素研究 [J]. 环境与发展，2018，30 (11)：205-206.
[22] 秦少鹏. 新时代化工园区环保管家业务模式探讨 [J]. 化工管理，2023 (11)：37-39.
[23] 乔阳. 论环境污染第三方治理的制度构建 [D]. 重庆：重庆大学，2017.
[24] 余佶. 政府向社会组织购买公共服务的风险管理——基于委托代理视角及其超越 [J]. 马克思主义与现实，2016 (3)：169-175.
[25] 陈鹏，逯元堂. 促进环境服务业发展的模式和机制创新 [J]. 中国人口·资源与环境，2014 (S3)：45-47.
[26] 朱勇刚. 我国环保产业知识产权保护探析——环保产业知识产权纠纷实证分析 [J]. 法制与社会，2019 (27)：83-85.
[27] 王宗涛，张顺凯. 环境污染第三方治理的现实困境与机制优化 [J]. 黑龙江生态工程职业学院学报，2022，35 (3)：10-14.
[28] 刘畅. 环境污染第三方治理的现实障碍及其化解机制探析 [J]. 河北法

学，2016，34（3）：164-171.

[29] 王琪，韩坤. 环境污染第三方治理中政企关系的协调 [J]. 中州学刊，2015（6）：72-77.

[30] 许海翠. 我国环境服务业发展研究 [D]. 保定：河北大学，2010.

[31] 焦君红，孙万国. 从“经济人”走向“生态理性经济人”[J]. 理论探索，2008（6）：81-83.

[32] 姜华，吴静，吕连宏. 升级“环保管家”服务助力减污降碳协同增效 [J]. 环境工程技术学报，2022，12（6）：2027-2031.